从小爱科学　小生活大世界

Tansuo
Shenghuo Da Aomi
探索生活大奥秘

纸上魔方 / 编著

丰富多彩的植物家族

山东人民出版社

全国百佳图书出版单位 国家一级出版社

图书在版编目（CIP）数据

丰富多彩的植物家族 / 纸上魔方编著 . — 济南：
山东人民出版社 , 2014.5（2024.1 重印）
（探索生活大奥秘）
ISBN 978-7-209-08194-8

Ⅰ . ①丰… Ⅱ . ①纸… Ⅲ . ①植物 – 少儿读物 Ⅳ .
① Q94-49

中国版本图书馆 CIP 数据核字 (2014) 第 033584 号

责任编辑：王　路

丰富多彩的植物家族
纸上魔方　编著
山东出版传媒股份有限公司
山东人民出版社出版发行
社　　址：济南市经九路胜利大街 39 号　邮　编：250001
网　　址：http:// www.sd-book.com.cn
发行部：（0531）82098027 82098028

新华书店经销
三河市华东印刷有限公司
规　　格　16 开（170mm×240mm）
印　　张　8.25
字　　数　150 千字
版　　次　2014 年 5 月第 1 版
印　　次　2024 年 1 月第 3 次
ISBN 978-7-209-08194-8
定　　价　39.80 元
如有质量问题，请与印刷厂调换。（0531）82079112

前 言

小藻球是怎样净化污水的呢？含羞草可以预报地震吗？卷柏为什么又叫九死还魂草呢？你见过能预测气温的草吗？什么是臭氧层？为什么水开后会冒蒸气？混凝土车为什么会边走边转呢？仿真汽车是汽车吗？青春期的女孩很容易长胖吗？我为什么长大了？多吃甜食有好处吗？为什么不能空腹吃柿子？没有炒熟的四季豆为什么不能吃？发芽的土豆为什么不能吃？……生活中有太多令小朋友们好奇而又解释不了的问题。别急，本套丛书内容涵盖了人体、生活、生物、宇宙、气候等各个知识领域，用最浅显通俗的语言、最幽默风趣的插图，让小朋友们在轻松愉悦的氛围中提高阅读兴趣，不断扩充知识面，激发小朋友们的想象力。相信本套丛书一定会让小朋友及家长爱不释手。

让我们现在就出发，一起到科学的王国探秘吧！

用心发现，原来世界奥秘无穷！

目录

植物真的喜欢听音乐吗?

　　植物给人的感觉总是安安静静的，如果有人说动物喜欢听音乐，还有点可信，说植物喜欢听音乐，简直有点像天方夜谭。

　　植物真的喜欢听音乐吗？一位印度的科学家就有过这样的疑问，科学家的院子内外都种了好多植物，平常这位科学家特别喜欢音乐，并且喜欢拉小提琴，他每天早上梳洗完后都会在自己家的院子里拉一会儿小提琴。科学家每天早上吃早餐的时候还有个习惯，要一边吃一边听音乐。突然有一天，他发现院子里的植物比院子外的植物长得快，

而且非常地茂盛。为了解开这个疑惑，他对这一现象进行了研究，发现院子里的植物和院外的植物在土壤、空气、水分、阳光各方面的养分都是一样的，但为什么仅仅一墙之隔会有这么大的生长差异呢？他百思不得其解，这项研究也就只能暂时搁浅了。有一天，他在院子里拉着小提琴，抬头一看院子里的植物，植物也在随风摆动，仿佛是他音乐的忠实听众，他因此受到了启发。第二年春，他用一个农夫的稻田做实验，每天坚持在稻田跟前拉小提琴，给它们放唱片，过了一个半月后，科学家发现每天听音乐的稻田比其他没听音乐的稻田长势要好得多，每一株都又粗又壮。于是他便得出结论，植物也喜欢听音乐。

当然，植物喜欢听音乐这个结论将会在科学界引起轩然大波，果不其然，一些科学家都纷纷做实验证实这一论断。科学家们将品种相同、大小一样的植物分别放进3个听音室，第一间听音室里什么声音都没有，第二间听音室播放莫扎特的音乐，第三间听音室播放着从工厂和马路上录下的噪音。这三盆植物的施肥情况都是一样的。实验进行了1个月，科学家们分别对3个听音室的植物做了检测，结果发现：第一间听音室的植物生长正常；第二间听音室的植物长得非常茂盛；第三间听音室的植物长得病恹恹的。

种种迹象表明：植物不仅仅是喜欢听音乐，音乐还能促进植物的生长呢。你知道吗？科学家们对西红柿也做过实验，他们将一只放着摇滚音乐的耳机放在一个正在生长的西红柿上，每天定时让它听3个小时的音乐，结果发现，西红柿听了音乐后，个头的生长速度加快

了，最后居然长到了2.5千克重。请问你见过一个2.5千克重的西红柿吗？

植物是怎么来听音乐的呢？它真的听得懂音乐吗？音乐响起的时候，会产生一种声波，而这种声波恰恰会促进植物的细胞分裂，从而使植物飞速生长。苏联和英国的科学家还用超声波促进萝卜和卷心菜的细胞分裂，结果种出了25千克重的大萝卜和27千克重的卷心菜，请问你见过这么

大的萝卜和卷心菜吗?

　　安安静静的植物世界充满了神奇,在西双版纳的热带植物园里面,还生长着一种通晓音乐的草呢。这种草的触觉非常灵敏,如果有平缓的歌声和音乐声时,它的叶子就会随着音乐声上下跳动。音乐节奏快,它震动叶子的速度就快,音乐节奏慢,它震动叶子的速度就会放慢,音乐起,它起跳,音乐停,它就会停止震动叶子。植物学家还给它取名"跳舞草"。原来植物并不能听懂音乐,而是音乐产生的声波对它的生长细胞产生了影响,从而促进了生长。

植物之间可以相互沟通吗？

我们看一些动物百科，知道蚂蚁是用相互碰触角的方式进行交流的。在刮大风的时候，大树才会发出沙沙的响声。那么，没有嘴巴或其他发声器官的植物之间也可以相互交流吗？它们之间是怎样进行沟通的呢？

为了研究植物语言是否真的存在，科学家们进行了细致的研究。研究发现，一些植物的叶子被昆虫咀嚼的时候，植物身

上发生的反应和动物的反应是一样的。当虫子在咀嚼叶子的时候，植物的叶子会释放出一种激素，这种激素跟动物受到伤害时释放出的激素相似。而且用来喷在动物身上的消除伤痛的药膏，喷洒在植物上也有消除伤痛的反应。对于这种现象，纽约州立大学植物生理学家伊恩·鲍德温说，这就是植物喊"哎哟"的方式。

科学家们对植物语言的破译做了大量的研究，还做出了植物语言翻译机，通过这个翻译机，人们能够听到很多奇怪的声音。当植物在黑暗中突然受到强光照射的时候，它就会发出类似于"哎呀"的声音来。当要变天刮大风的时候，它们的声音非常地低沉而且有点混乱，好像很痛苦的样子。并且在一些热带雨林里，有一些热带植物还能"哼"出美妙的旋律，有的植物发出的声音有点像是老人的喘息。

实验证明，植物语言是存在的。

不但如此，植物之间的语言还不简单呢！在遇到危险的时候，植物还会发出信号。美国有两位生物学家在西雅图附近的森林里进行了实地的研究和考察。他们发现柳树能够发出危险信号。在害虫们咀嚼柳树的叶子的时候，整棵柳树叶子的化学成分就发生变化了，所有叶子里令害虫们无法消化的化学物质开始增加，但是供害虫吸收的营养成分却大大减少了。更神奇的是，其中一棵柳树遭到害虫袭击的时候，周围其他还未遭到虫害的柳树的叶子的化学成分也发生了改变。

在一些茂密的大森林里，一些植物在受到虫咬时，就会改变身体内的化学物质分泌，不但自己提防虫子，而且也招呼临近的伙伴们免受虫子的伤害。看来植物之间是可以相互沟通和交流的，那么令人好奇的是，它们之间是如何进行沟通的呢？一些植物在受到虫害时，它们会释放出一种挥发性的茉莉酮酸，科学家们把这种酸叫作"体味信号"，其中一株植物被咬时，它会发出这种体味信号，提醒附近的植物做好防御工作。长颈鹿喜欢吃槐树的叶子，当它们吃的时候，槐树就会产生有毒的苦味，这个时候不仅仅是这一棵被长颈鹿啃吃的树会产生有毒的苦叶，它周围所有槐

树的叶子都会变苦并且释放出毒素。

人类会说话，所以人类之间的交流是通过语言来完成的；动物之间也有语言，还有些动物是通过触碰身体来交流的。总结下来，植物之间的沟通与交流通常有三种方式：第一种是通过空气交流，是通过震动来传递信号的；第二种是声波交流，是通过一种人类无法听到的超声波或者是次声波来交流的；第三种是激素交流，遇到侵害时，它们之间是通过分泌化学激素的方式进行交流的。

植物也会抱怨吗?

有这样一则笑话，含羞草抱怨说："一见人就脸红心跳的，那我总不能不出门吧。"爬山虎抱怨说："惭愧啊惭愧，我真是徒有虚名啊，也就是爬爬墙头，还哪里敢奢望爬山啊。"榴莲抱怨说："就我这一身蛤蟆癞，你们还留恋。"罂粟说："我也仅仅是一种植物，哪里承担得了毒品的罪恶头衔？"笑话归笑话，那么植物真的会抱怨吗？

英国的科学家们发现，植物在健康生长的情况下，通常发出的声音如同唱歌，婉转美妙；但是在受伤的时候，或者

是生病了的时候，它们会发出像老妇人一样的呻吟声。仿佛在表达着自己的痛苦一样。

植物在听到音乐的时候，它会健康茁壮地生长；在听到噪音的时候，它就会生病死去；在遇到危险或者受侵害的时候，它会向同类传递防御信号；生病的时候会呻吟，这说明了植物也会抱怨，只不过抱怨的方式和人类不同而已。

有科学家将受过伤的动物和被虫子啃食的植物一起做了实验，实验证明，在植物受到伤害的时候，它也会发出疼痛的呻

吟声，并且它的一系列的化学反应和动物也是一样的。在动物的世界里，如狼，它要是饿了，想吃东西了，就会吼叫。其实植物也是一样的，在干旱缺水的时候，它就会发出低沉而混乱的声音，就好像在呻吟一样，只不过这种声音我们在正常情况下无法听到而已，需要借助于植物语言翻译器才能听到。

　　科学家就曾有这样一个发现，植物在土壤板结、干旱缺水的情况下，就会牢骚不断，在植物的身体里面有个维管束，这个维管束是植物用来运送水的通道，要是在干旱缺水、土壤板

结的情况下，维管束就会发出一种超声波，这种超声波的声音混乱低沉，如泣如诉，所以科学家们把这种超声波形象地称之为植物的"抱怨"声。

还有一些科学家为了进一步证实这种植物缺水发出的抱怨是否合理，还做了一系列的实验，将相同的植物，不停地变换地方放置，故意不施肥，不浇水，不给晒太阳。结果发现在音乐室里听着音乐，能很好地进行光合作用，生活在土壤松弛、水分充足环境里的植物，发出来的超声波好像在唱歌，并且超声波非常地有节奏，而且很平缓。当听着噪音，处在黑暗处，无法进行光合作用时，生活在土壤板结、干旱缺水的情况下，植物会发出低沉近似于呻吟牢骚的声音。

种种实验打破了人们以为只有人类才会有抱怨的固有想法，证明植物也会有抱怨，这种抱怨一般是发生在土壤板结、植物身体缺水的情况下。这种抱怨的声波非常小，人类一般是听不见的，只能借助于仪器。植物的这种抱怨声能提醒主人它们缺水了。

植物也是有生命的，它懂得喜怒哀乐，会痛，会哭，会抱怨，这都是正常的。有一个妈妈曾这样教育自己的孩子，她的孩子走在花园里，下意识地将一朵花摘了下来，还拿起来骄傲地对妈妈说："妈妈，快看，漂亮吧！"妈妈这个时候说了一句："宝贝，你把花摘下来，它会痛的。"不知道这位妈妈是知道花真的会痛呢，还是想吓吓孩子，让孩子不要去破坏生命，总之她的出发点是好的。植物还真的会痛，会抱怨呢。

　　这让我们觉得，植物的世界是不是也像人类的世界一样，有酸甜苦辣呢？动画片里有这样一个场景：两株植物在一起聊着天，看着面前的人类的所作所为，它们有可能一起嘲笑，一起同情，抑或是一起抱怨。

你见过植物出汗吗?

植物出汗,那是不是它身上的露水就是它的汗水呢?我们还是继续往下看吧!

露水和汗水从表面上是很难区分的,因为在夏季的早晨,植物的身上既有汗水也有露水,怎么来区分呢?很简

单，只要一测验便知道了，一般汗水里面含有无机盐和其他物质，而露水里面则没有。

通常人在夏日里，喝水一多，太阳一晒，再做点体力运动就会出汗；植物又不动一下，怎么会出汗呢？真是让人心生好奇。按理说，植物也应该是在最热的时候排汗，为什么我们没有看到过呢？其实道理很简单，夏季的白天气温非常高，太阳光非常强烈，植物排出的汗水很快就会被蒸发掉了，所以看不到。只有晚上出的汗，我们第二天的早晨太阳没出来前才能看到，太阳出来后它们也就被很快蒸发掉了。

看来植物出汗还真是很普遍的现象。有一种植物，它出汗非常特别，所以人们都把它叫作"哭泣树"，那么它是如何出汗的呢？因为它的吸水量是非常大的，所

以出汗的时候还会滴滴答答地作响，仿佛是在哭泣一样，当地人便叫它"哭泣树"。

植物的出汗量，因植物的吸收量不同，所以出汗量也不同。据科学家们观测，芋头的一些幼叶，一个晚上可以排出150滴的汗珠，一片老一点的叶子，一个晚上能排出190滴的露珠，水稻的排汗量也是非常大的，因为水稻在水里生长，其吸水量非常大。

其实植物的这种出汗现象，就是植物的蒸腾作用所引起的，因为夜间植物的蒸腾作用变得弱起来，植物根部还在不停地吸收水分，由于夜间气温低，植物不能将其蒸腾掉，只能化作一滴滴的水珠从排水器中流出来，在植物的叶尖和叶子的边缘部位有个小水孔，所以一般植物排出的液滴会集中在叶尖和叶缘处，科学家们还将这一现象称为植物的"吐水现象"。

你应该见过柳树吧？有时候无意间从柳树下走过，突然会有一滴水珠滴下来，有可

能滴到你的脸上或者是身上。这就是柳树在吐水，柳树吐水一般发生在下雨过后的几天内，有人曾形象地把柳树吐的水比作泪珠呢！

植物为什么要出汗呢？其实现在我们也不难理解，植物出汗是一种生理现象，它是为了保持身体内的水分平衡，是为了排出体内多余的无法吸收的水分，如人每天摄入的水分，一部分是通过汗液排出，一部分是通过尿液排出，还有一部分被身体吸收了。植物一般在干旱的时候，就不太出汗或者会相应地减少出汗，原因是它的水分需要供给自身的生长发育，特别在春季的时候。

那么如何区别露水和汗水呢？露水是由空气中的水汽凝结而成的，露水的水珠是非常小

的，布满了全叶。而汗水不同，汗水的水滴比露水大一些，它是植物从体内气孔排出来的，一般分布在叶尖和叶缘部位。再就是，汗水中含有有机盐，而露水中没有。

如果你觉得好奇的话，可以在夏天的早晨，去有露水的植物上仔细观察，看看你能不能将露水和植物排出的汗水分辨出来。

植物之间是用什么武器来战斗的呢？

在地球上，不光是国与国之间，人与人之间，动物与动物之间会发生战争，就连植物之间也会发生战争。那么植物之间是用什么武器来战斗的呢？有人将植物之间的战争称为"化学大战"，这一点也没有错！

让我们一起来思考一下，农夫为什么要除掉田里的杂草

呢？因为杂草会阻碍稻子的生长，那它到底是以一种怎样的方式来和稻子争夺养分的呢？就拿苦苣菜来说，原本它是一株小小的植物，可它为什么能与高大的玉米和高粱敌对抗衡呢？它们的秘密武器就是它们自身能分泌出一种化学物质，这种化学物质可以抑制其他植物的生长，如果生长在玉米和高粱地里，它便会抑制玉米和高粱的生长，从而吸收它们的养分。

有科学家还把植物之间的战争，称为植物之间的相克关系。这些植物的根茎、叶、花果等等都会产生一系列的化学物质，它们会把这些化学物质释放到环境中，从而抑制周围其他生物的生长和发育。比如苹果、梨能从果实和枝叶上释放出一

种叫作乙烯的化学物质，这种化学物质会致使周围其他植物的叶子枯萎，提早落叶，果实也会提早成熟。

　　每一种植物都能够分泌出一些化学物质，这种化学物质就是它用来对付不喜欢的植物的。比如桃树的叶子就会分泌一种化学物质，这种化学物质会抵制附近多种草本花卉的生长。薄荷与月季中能分泌出一种芳香的化学物质，这种化学物质会抑制其他花卉的生长。玫瑰花和木樨草之间的战斗更是惨烈，玫瑰花和木樨草都互相不轻饶对方，玫瑰花排挤木樨草，使木樨草早早地凋零；而木樨草在临凋零前，又会释放出一种化学物质，使玫瑰中毒死亡。高大的胡桃树更是树大气粗，它的根部会分泌出一种叫作胡桃醌的化学物质，这种化学物质会造成附近的苹果、马铃薯、西红柿等多种草本植物受到伤害，严重者会致死。

　　由此看来，植物之间的化学武器大战还真是十分厉害！在热带雨林里，有一种野生的灌木鼠尾草，这种鼠尾草的化学武器还真是厉害，它所释放出的化学物质能够透过其他植物的角质层，进入到它们的种子和幼苗里，然后抑制它们的发芽和生长。所以在鼠尾草的周围除了同类以外，2米开外都是寸草不生的。可见它利用自己的化学武器多么的蛮横霸道。

要说到霸道，榆树可称得上是最霸道的。榆树天生不喜欢葡萄，就连幼小的榆树都无法容忍与葡萄共生，如果旁边有葡萄树，它就会气愤地分泌出一种化学物质，这种化学物质会导致葡萄树的叶子干枯凋零，无法开花结果，甚至会将它们全部杀死。

原来植物也跟人类和动物的世界一样，存在敌意和战争，这种大战往往不是你死我活，便是两败俱伤，这种无血的战争也让人感觉到了残酷。好了，对于我们来说，当我们了解了这些常识以后，也许我们会懂得如何避免让植物之间产生残酷的化学大战。毕竟这个世界，人类还是主宰者。

草木有喜怒哀乐吗？

　　人人都知道人有七情六欲，有喜怒哀乐，因为人有生命、情感和灵魂。那么，草木有情感吗？

　　草木喜欢听音乐，前面我们提到过，科学家们做过相关的实验，将相同品种、相同大小的植物分别放到两个房间，一个房间里放上音乐，另一个房间里什么音乐都不放。结果发现放音乐的房间里的草木的长势非常好，比起没听音乐的植物要长

得好一些，茂盛一些。甚至有一种植物在听到音乐的时候，还会轻轻地跳起舞来，当听到节奏快一点的音乐的时候，它跳舞的节奏也就快了起来；当听到节奏慢一点的音乐的时候，它跳舞的节奏也就慢了下来；音乐起，它起跳，音乐停，它就停止跳动了。另外，有些草木有它自己的喜好，碰到不喜欢的，它也会做出相应的反应。比如玫瑰被作为向爱人表达爱情的植物，在人们的心里也是非常高雅的，有人做实验，给它天天放摇滚音乐，没想到没过几天，它

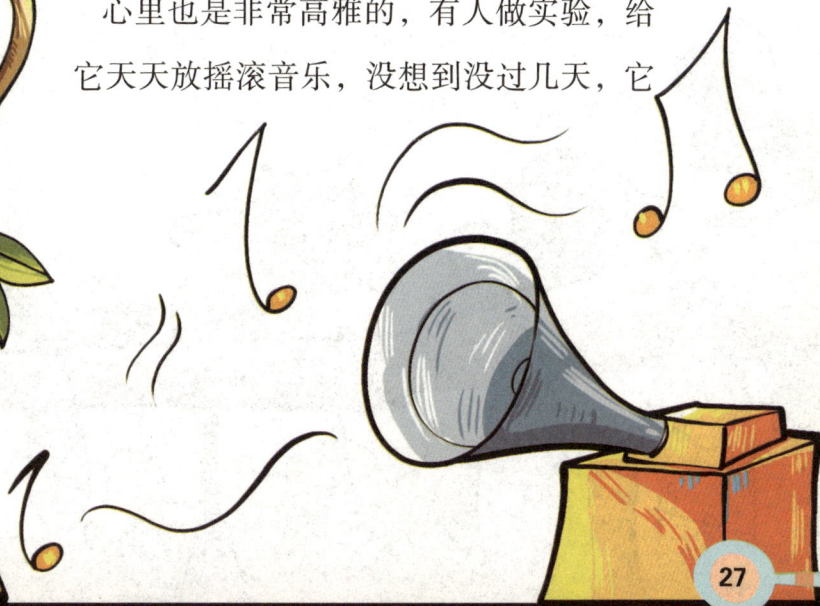

的花瓣便开始凋零。牵牛花更是倔强，给它听摇滚音乐，没过几天它就死了。

草木也是有感情的，一些草木被虫子侵害的时候，它自己会采取相应的防卫措施，而且会传递信号给它附近的伙伴们，让它们也及时采取相应的预防虫害措施。所以在同一片森林里，如果其中一棵树被虫子咬的时候，它体内的化学成分一旦改变，附近的伙伴们体内的化学成分也会改变得跟它一样，一致武装起来，共同对付外敌的侵害。

草木还有自己喜欢的颜色呢！所以它们身体的颜色也各不相同，有的是绿色，有的是黄色，有的是红色，有的是紫色，等等。近些年，一些农业方面的科学家们发现，各种植物对光都有一定的辨别能力。比如，用红光照射农作物，这些植物中的糖分含量会增加；用蓝色的光照射植物，植物中的蛋白质含量会增加；茄子非常喜欢紫色，用紫色的光照射茄子，会促进茄子的生长。所以根据不同的需要，一些农业种植人员会给农作物加盖了不同的塑料薄膜。

　　草木们不仅喜欢听音乐，还有喜欢的颜色，有同情心，它还会生气抱怨呢！科学家们发明了一种叫植物语言翻译器的东西，用它可以"听"到植物发出的各种各样奇怪的声音。植物在听音乐的时候发出的是欢快的平缓的声音，在遇到刮风下雨的时候又发出如同老太太的呻吟一般低沉而混乱的声音。如果被虫子叮咬的时候，会发出"哎哟"一样的声音。尤其是有些植物，如果不给它及时补充水分，遇到干旱天气，它就会发出如孩子一般的哭泣声。

　　美国的一些科学家还发现，草木是有同情心的，他们做过这样一个实验，准备一锅开水，然后再拿一只小虾，在将小虾

放入开水锅前将一盆植物放在旁边旁观，将它和测试仪连接起来，当科学家们将小虾放到开水锅跟前准备放入锅中时，测试仪中的植物的情感曲线显示上升，好像人被吓了一跳的样子。

紧接着科学家们又做了另外一个实验，他们在一个房间里放入几盆植物，然后有6个人同时进入房间，其中的一个人将一盆植物上的叶子摘掉了一片。后来科学家们一个个轮流进入房间，其中没摘植物叶子的5个人进入到房间里时，植物们表现得很平常，但是最后一个摘掉一片植物叶子的人进入到房间时，所有植物的情感曲线波动很大，好像人特别愤怒时一样。

可见，草木也是有喜怒哀乐的，以后去植物园再也不能随便摘叶了，否则它们会恨上你的！

小球藻是怎样净化污水的呢？

小球藻又称绿藻，它是一种31亿年前就生存在地球上的水藻类浮游植物，它的基因一直没有发生改变，其惊人的生命力从何而来？它的秘密就在于：比起其他的陆地上生长的高等植物，它有100倍的超强繁殖能力。

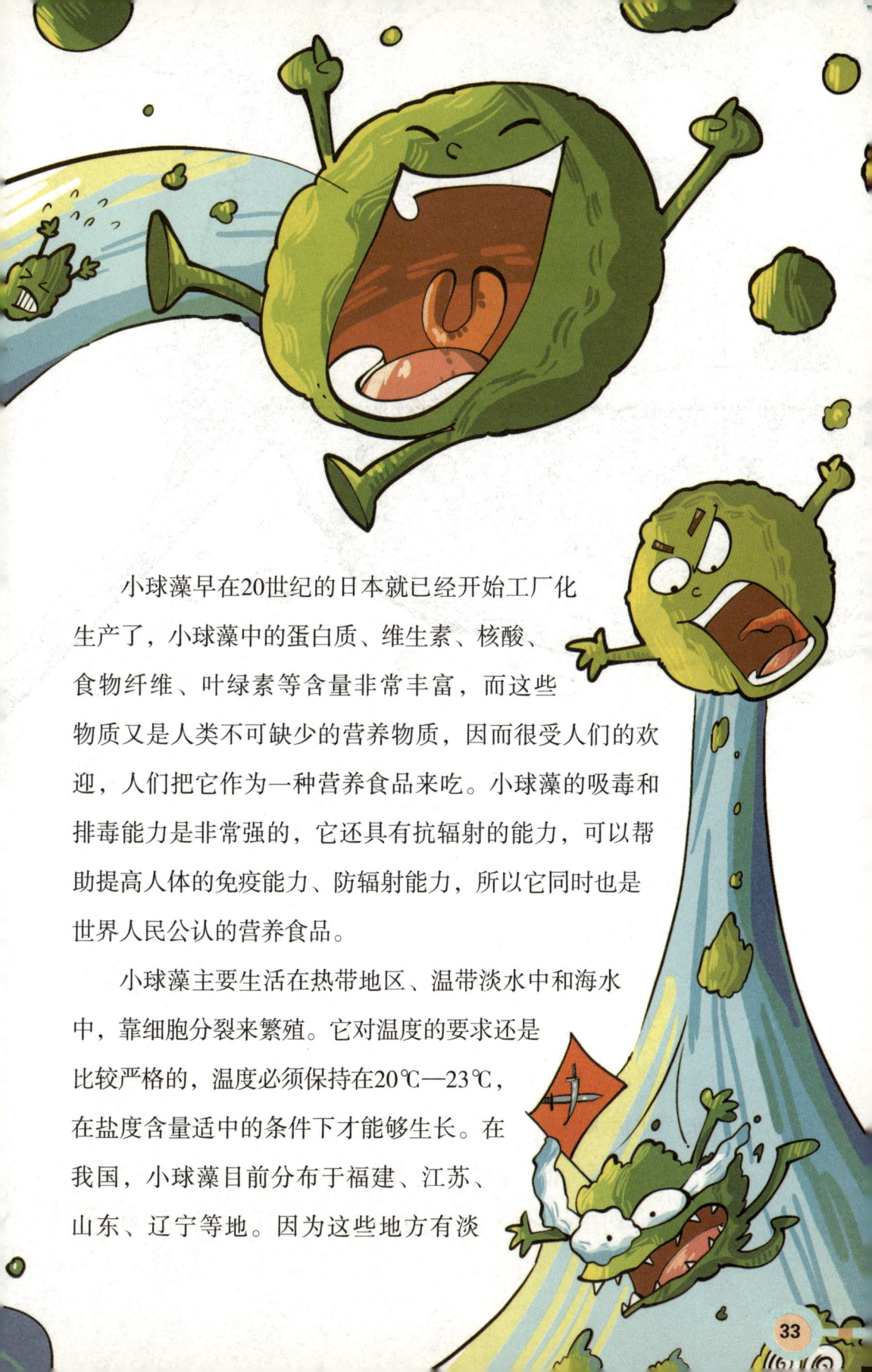

小球藻早在20世纪的日本就已经开始工厂化生产了，小球藻中的蛋白质、维生素、核酸、食物纤维、叶绿素等含量非常丰富，而这些物质又是人类不可缺少的营养物质，因而很受人们的欢迎，人们把它作为一种营养食品来吃。小球藻的吸毒和排毒能力是非常强的，它还具有抗辐射的能力，可以帮助提高人体的免疫能力、防辐射能力，所以它同时也是世界人民公认的营养食品。

小球藻主要生活在热带地区、温带淡水中和海水中，靠细胞分裂来繁殖。它对温度的要求还是比较严格的，温度必须保持在20℃—23℃，在盐度含量适中的条件下才能够生长。在我国，小球藻目前分布于福建、江苏、山东、辽宁等地。因为这些地方有淡

水，并且从气温、海水盐度上最适宜小球藻生长。

小球藻是一种淡水性的绿藻，看上去像个绿色的小茸球球，有大的，有小的，大的直径达到3厘米，小的直径仅仅1厘米。在日本还有一年一度的"球藻节"，主要是提倡人们保护这些濒临绝种的球藻。它的珍贵之处不仅仅是因为它将要面临绝种，还在于它对人类的营养价值，把它放到污水中它还能够净化污水呢！

看到这里你一定会很好奇，小球藻那么小一点儿，它是如何来净化污水的呢？小球藻是一种高效的光合植物，它的繁殖能力是非常强大的，如果让它长期生活在淡水中，它能够借助外力，如太阳、空气，在不到1天的时间里分裂出4个细胞，这些细胞能够将太阳的能量转化成营养丰富的物质，释放出大量的氧气，而这些氧气又促进了它本身的光合作用，从而达到再一次的大量繁殖。

小球藻就是通过超强的繁殖能力，吸收污水中大量的氮、磷等化学物质，从而达到净化污水的作用。如果把它放进污水中，再给点阳光，以它的繁殖速度，很快就能把污水净化干净，并且处理过的污水还能够浇灌庄稼地呢。

尤其对于工业污水排放量大的现代社会来说，小球藻的贡献可真不小。这些工业厂矿排放的污水里面的主要物质

是氮和磷，这种物质大量地存在于水中，会导致水体富营养化。环保学家们一致认为，用小球藻来改善水质，去除污水里面的氮和磷，防止水体富营养化的做法，是最环保的。环保学家们还对此做了大量的研究，其中通过对小球藻的研究发现，小球藻对污水中的氮和磷的去除率可以高达80%。如果将小球藻与活性的污泥混合，它对污水中的氮磷去除率将达到90%。并且小球藻自身还具有特别强的耐污能力，在小球藻那里，水里的污染物是其美味的食物，这种食物对它们的生长是非常有益的。

原来小球藻可以这么容易地就将污水处理干净啊，这可解决了我们工业化城市污水污染的大麻烦了呢！

红麻是怎样保护环境的呢？

你见过红麻吗？那么你应该见过麻袋或者是麻毯、麻绳吧，它们就是用红麻的纤维制成的。

红麻是一种喜温植物，叶呈掌状裂叶型和阔卵叶型，有花，花色呈乳白色和淡黄色，茎直立，身长达3—5米。红麻主要产红麻纤维，这种纤维就是它保护环境的秘密武器。红麻的生长速度非常快，在光照、土壤、气温适宜的情况下，红麻一般只需要半年的时间，就能长到5米高。

红麻是怎样保护环境的呢?

红麻是一种可再生,并且再生速度快的植物。现代社会大量地植树造林,但是砍伐量也在不停地增加,植被减少,造成水土流失,环境恶化,地质灾害。由于红麻的增长速度非常快,用红麻做原料来造纸,可以减少对植被的破坏。因为红麻有一个奇特功能,它的生长速度非常快,这就减少了对其他不可再生或者再生速度慢的植被的破坏。红麻在生长过程中通过吸收和

分解作用，还可以减少有害的化学物质对环境的破坏呢！因为红麻的生长速度快，所以它在生长的过程中需要吸收大量的碳酸养料，并且它在生长的过程中能够吸收造成温室效应加剧的二氧化碳，从而达到净化空气的作用。

红麻中含有红麻纤维，这种红麻纤维可以制成土工布，而这种布被广泛地应用于环境工程、水利设施、道路施工、农田的基本建设。红麻制成的一般土工布再经加工可以升级为三维土工布，应用于水土保持、道路绿化、景观美化等方面。

红麻具有极强的吸附能力，可以将其制成蜂窝状，然后将其铺在坡地上，可以很好地帮助土地储蓄水分，也可以防止土

壤受到风雨的侵蚀。另外，可以在这些铺有蜂窝式红麻的地上撒上肥料，底下的植物很快就会发芽，并且能使植被生长繁茂，即使时间久了，红麻纤维腐烂掉了，植被仍旧还是茂盛地生长。

现代家庭的装修越来越新颖，越来越讲究，但是一些装修材料中含有大量的甲醛，这种甲醛是有毒的，如果人长期吸入，会引起咽喉干涩、嗓子疼等症状。又要装修得美观，又要防止甲醛毒素，这可真是个难题。别急，有红麻来帮助大家解决这一难题。红麻可以制成墙纸，天然质朴，而且家里用红麻墙纸，可以帮助调节室内湿度，吸收室内空气中对人体有害的气体。

城市需要绿化，家也需要绿化，红麻有红、黄颜色，将其纤维放在屋顶上，不仅能够绿化屋顶，而且还具有保暖、防晒的作用。

在日本，人们在制造汽车时，会选用红麻再加入一种树脂，制成高级小轿车的车门的背板，非常轻巧、环保，而且很强韧，抗冲击性能非常强。

你现在知道红麻是怎样保护环境的了吧？红麻，这种产于印度和热带非洲的纤维植物，虽长相普通，却给人类做出了如此大的贡献。当你了解了红麻，无论你在城市中穿梭，在花园里玩耍，在街道旁散步，还是在家里看着装修过的墙壁，都会发现到处都有红麻的身影。原来红麻仿佛我们身边环境的守护神一样，如此亲切可爱。

含羞草可以预报地震吗？

　　很多人都知道地震来临时，很多动物都会有一些异常的举动。你知道吗？在植物世界中，有一种草，它也是可以预报地震的。

　　与我们中国隔海相望有一个国家，它的名字叫日本。这可是一个地震频繁多发的岛屿国家。为了减少地震造成的损失，日本科学家开始研究地震前有哪些"预报"可以让他们提前知道地震要来临了。

在1938年1月11日上午7时，含羞草开始张开，但是到了10时，叶子突然全部闭合，果然在13日就发生了强烈地震。你看，含羞草的预报有多灵啊！原来，在正常情况下，含羞草的叶子白天张开，夜晚闭合。如果含羞草叶片出现白天闭合，夜晚张开的反常现象，便是发生地震的先兆。功夫不负苦心人，在这些科学家们的研究下，他们终于找到了可以提前预报地震、减少地震给日本人民造成损失的大功臣——含羞草。

含羞草为什么能够预测地震呢？大家一定都想知道吧！原

来秘密就藏在，地震在孕育过程中会产生的地湿、地下水及地磁场等一系列的物理、化学变化和环境变化中。含羞草感受到这一系列的变化后，它的叶子也会随之发生变化，这种变化甚至比动物对地震的异常反应还要灵敏呢！

　　真实的含羞草到底是怎样的？让我们一起来认识一下它吧！顾名思义，含羞草是不是一种很害羞的草呢？没错，它如果受到外界触碰会萎缩闭合，仿佛害羞的女孩子一样。与其他草科植物不同的是，含羞草既是草科植物也是被子植物，它有小花瓣，花为粉红色，形状似绒球，可爱极了！另外还有一种含羞草是带刺的，

草叶上有白色的小绒毛，不能随便用手去触碰，会被刺伤的。

含羞草能在家里种植吗？含羞草的适应性非常强，不管在山坡丛草中，还是在家中的阳台上，含羞草都能茁壮地生长。

含羞草需要什么样的种植条件呢？含羞草喜阳，家里养殖含羞草，要把花盆放在向阳的地方，让它能够充分地接受阳光的沐浴。适当浇水，每天浇水不能太多也不能太少。

可别忘了，家里养含羞草可是有好处的哦！如果有一天，家里阳台上的含羞草在白天突然闭合了，几朵小花缩在一起像干枯的小草一样低下了头，最后枯萎，千万不要以为是花生病了，因为如果你照顾得周到的话，这多半是地震前的预兆啊！那就可以提前采取预防措施啦。

含羞草是不是真的怕羞呢?

不是的。含羞草的老家是在美洲热带地区，那里雨水特别充足。由于含羞草生长在雨水充沛的地方，所以叶枕细胞上水分充足，因而叶枕鲜嫩而挺立，一旦遇到刺激，叶枕细胞上的水分会流失，才会闭合枯萎。

含羞草是怎样进行闭合运动的呢?

植物都是有生命的，有生命就会有运动，所以含羞草的闭合状态也可以称之为闭合运动。当含羞草受到外界的刺激后，它的小叶就会闭合起来，叶柄也会耷拉下来。原因是含羞草的细胞是由细小的网状的蛋白质所构成的，这种蛋白质叫作"股动蛋白"，相当于动物的肌肉纤维，当它受到刺激产生闭合状态时，股动蛋白的磷酸就会脱落，与动物肌肉的伸缩很相似。

卷柏为什么
又叫九死还魂草呢?

传说在昆仑山上，有一个天池，那可是王母娘娘沐浴的地方呢。在那个天池的岸上，却生长着一种仙草，这种仙草能使人起死回生。有一年夏天，民间大旱，到处都是瘟疫，成千上万的百姓都死于瘟疫。有一天，天池中的龙女出来玩耍，结果

却目睹了民间百姓的惨状，便偷偷地跑到了天池的岸上，摘下了能够让人起死回生的仙草，救活了因瘟疫死去的百姓。然而这件事情传到了龙王的耳朵里，龙王大怒，将龙女打入凡间。这位善良的龙女来到凡间，却心甘情愿地变成了一株还魂草，这就是卷柏。

卷柏真的能够起死回生吗？这种卷柏还真如它的名字一样令人震惊，它可以在乱石山崖上生长。它的形体蜷缩成拳状，有分枝，分绿色或棕黄色，叶子是向里卷起来的，在干旱的时候，它就会将自己缩成一团，保住身体内的水分。在雨水充沛的时候，它就会舒服地将枝叶伸展开来。在它的生长中，要几经磨难才能够不断地长大，不断地繁衍后代，所以人们叫它九死还魂草。

在日本，有一位生物学家用死去的卷柏做了标本，时间过了十多年，有一天，这位生物学家将卷柏丢在了水里，没想到它居然复活了，这位生物学家非常惊奇，便向新闻媒体公布了这一发现。为什么时隔十多年，死去的卷柏又复生了呢？这个我们就要随着生物学家们去

探索它的细胞奥秘了。卷柏的应变能力特别强，当干旱来临的时候，它的身体能处于休眠状态，就连基本的新陈代谢也会停止，让人们误认为它已经死去了。而当它能够吸收到水分后，其全身的细胞立即会恢复正常的生理活动。和仙人掌长刺耐旱一样，它之所以能九死而后生，原因就在于它必须适应环境，从一开始它就生长在土壤贫瘠的大山、岩石崖上，这种地方蓄水能力非常差，它也是靠天吃饭，天不下雨它就休眠，天要下雨它就醒来继续生长。原来这种植物就算是把它晒干了，再把它放到水里面，它照样能活过来。真的是太不可思议了！

　　卷柏不仅自己具有起死回生的能力，从药理上来说，它对人也能起到"起死回生"的作用呢。它是一味止血的药品，对头痛、胃痛、腰痛、烫伤、血崩等病症，都具有非常好的疗效。

　　它还具有美容的作用呢！看来这卷柏不仅可以让人起死回生，还可以让老去的皮肤恢复青春呢。可以将卷柏做成干粉状，然后兑入鸡蛋清，调和均匀，再将其敷在脸上，脸部肌肤会褪去死皮，变得光滑细润有弹性。

　　卷柏九死还魂的功效，真是名不虚传。此外，卷柏也是一棵好盆景，可以将它栽在盆里面，作为屋子里的装饰，因为它九死还魂，所以它又是福如东海、寿比南山的象征，是送给老人或长辈的最好礼物。现在还有将卷柏培养成小盆栽的，如果你长时间使用电脑，可以在电脑旁边放一盆卷柏，它不仅能起到预防电脑辐射的作用，同时还可以保护使用电脑者的健康和视力。

你见过能预测气温的草吗?

在植物界,神奇的事还真不少,这小小的花花草草不仅可以预报天气,还可以预测气温呢,它到底是怎么做到的呢?

你见过这种能预测气温的草吗?它真的能像温度计一样,测量出温度的高低吗?在瑞典就有这样一种草,它可以预测气温的高低,它的名字叫三色堇,顾名思义,就是开三种颜色的花,花为蓝、黄、白三色。

它到底是如何来预测气温的呢?秘密藏在

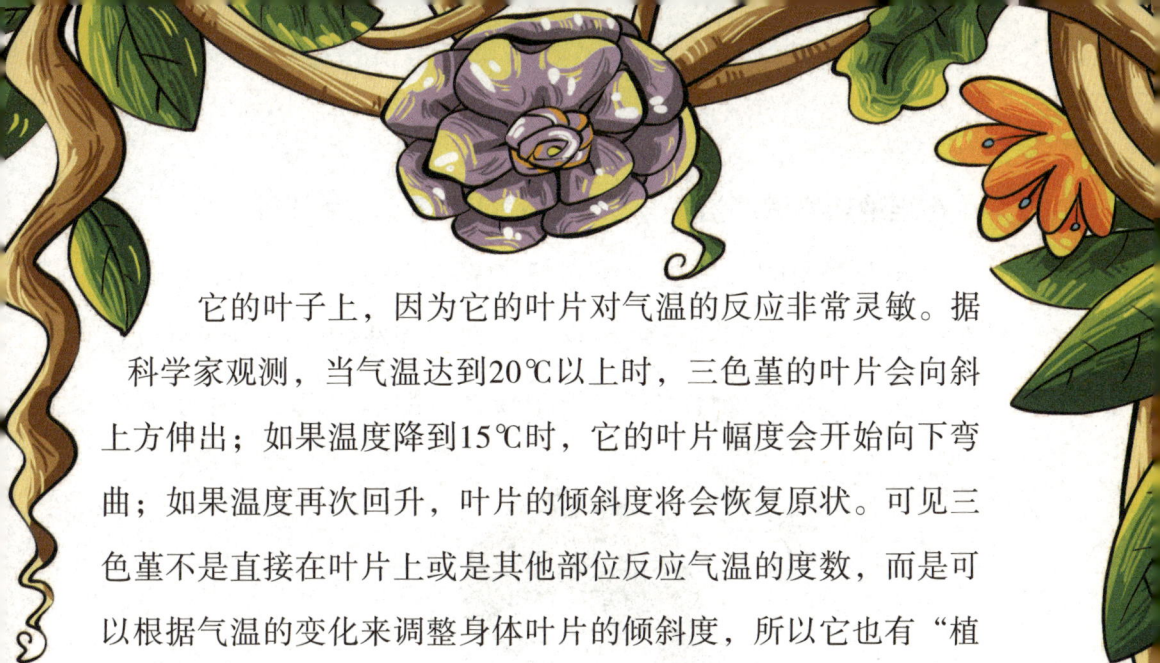

它的叶子上，因为它的叶片对气温的反应非常灵敏。据科学家观测，当气温达到20℃以上时，三色堇的叶片会向斜上方伸出；如果温度降到15℃时，它的叶片幅度会开始向下弯曲；如果温度再次回升，叶片的倾斜度将会恢复原状。可见三色堇不是直接在叶片上或是其他部位反应气温的度数，而是可以根据气温的变化来调整身体叶片的倾斜度，所以它也有"植物寒暑表"之美誉。

关于三色堇还有一个美丽的传说呢！据说在很久很久以前的天国，众天神有一个美丽的花园，花园里尽是奇花异草。又是一年赏花时，美神维纳斯一大早就起来了，穿着漂亮的衣服，戴着珍贵的首饰，开心地来到了花园。这时各路天神也聚集在一起赏花。平常众神们不论做什么，首先会夸赞美神维纳斯长相美丽，但是众神此时却都不理会她，都聚集在一起，好像是看着什么，美神维纳斯特别生气，于是走上前去一看，原来众神都在欣赏三色堇，看到眼前的三色堇，

美神维纳斯突然气消了，和众神一起夸赞三色堇长得美丽。

外表美丽的三色堇，还有着非常独特的生长习性。它只能在露天生长，否则就无法生存，但到了开花的时候，便可以移植入室。这么有个性的花，长相却是特别地秀气，一个个开着

黄色或紫色的大花，每个茎上都可以开出2—10朵的小黄花，每个花上还可以有紫、白、黄三种颜色。它是一种多年生的草本植物，托叶非常大，叶子的形状呈羽毛状。

其实从它喜欢生长在户外我们就可以推断出，它是比较耐寒的一种植物，它喜欢凉爽，白天的温度如果在15℃—25℃，夜晚的温度在3℃—5℃时，它都能很好地生长。如果白天的温度超过30℃的话，它的花芽就会自行消失或者根本就不会长成花瓣。它可真不是温室里的花朵。

三色堇花色特别多，而且非常漂亮，最主要的是能在低温条件下开花，所以在寒冷的地方你也可以看到它美丽卓绝的身姿。在我国，三色堇主要生长在长江以南大部分地区，到了秋季，人们都是用它来装饰花园绿地的。远远看上去特别靓丽。

三色堇还真不是一般的花，据中国医药书的记载，三色堇是重要的护肤药材，曾经隋炀帝有一位爱妃的额头上长了青春痘，久久不退，隋炀帝特别心疼，为了讨好爱妃，便特意安排皇宫的太医们去研究祛青春痘的方法。最后太医们经过辛勤劳动后，终于找到了祛青春痘的药材，那就是三色堇。它的味道特别香，不仅可以祛痘，还可以有效地祛除痘印，深受隋炀帝爱妃的喜爱，隋炀帝也龙颜大悦，还命人封赏了这位研究出三色堇可以祛青春痘的人。后来这种方法被宫廷的女人们广泛地使用。

曼陀罗花如何
是天使又是魔鬼？

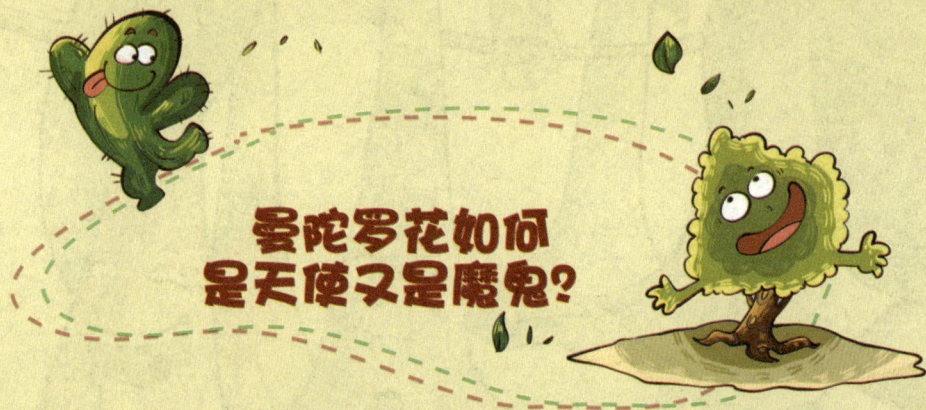

在一部宫廷剧里，曾有一位不得宠的妃子，想方设法博得皇帝的宠幸。有一次，皇上偶然想起了她的存在，突然要来她的寝宫，为了抓住这次难得的机会，她便使用了少量的曼陀罗，皇上第一次来她的寝宫，感觉非常美妙，龙颜大悦，将她升为贵妃，从此以后她便得到了皇帝的宠幸。可见曼陀罗的迷

幻作用还真是不能小看啊!

说起曼陀罗的花,漂亮得能让人痴醉。在我国曼陀罗花有三种,曼陀罗,白曼陀罗,毛曼陀罗,其花都是白色的或者是淡黄绿色的。曼陀罗还有一种紫色的,看起来也漂亮得令人神醉。

曼陀罗被人们称为天使,学者李零先生说:"曼陀罗花是万能神药。"在临床医学上,曼陀罗花常被作为麻醉剂和止痛剂,它还可以治疗癫痫。在古代神医华佗的麻沸散中就有曼陀罗的含量,说明曼陀罗具有麻醉作用。曼陀罗中含有莨菪碱、阿托品及东莨菪碱的成分,这些成分可以麻醉人的中枢神经系统。

曼陀罗的花、叶、籽都可以入药,药性温,具有镇痛麻醉的作用,主治跌打损伤、面上生疮、止咳平喘。如果皮肤的外皮有点痒,并且有起水泡的现象,可以取适量曼陀罗的鲜嫩的叶子,

然后放到一个容器中捣碎，取汁液，直接涂到患处，便可以治疗。曼陀罗在临床医学上的贡献还是相当大的。

曼陀罗花又是魔鬼，因为它可以让你处于如痴如醉的美丽梦幻中，实现着自己的理想；而当你醒来的时候，你会发现，你其实是做了一个梦。所以曼陀罗扮演着既是天使又是魔鬼的双重身份。

在外国发生过一次让人现在看来都惊心动魄的中毒事故。一个少年，一个人在家无聊，出于好奇，尝试喝了一些曼陀罗花茶，感觉有点不对劲，便马上向他的朋友求救，结果当他的朋友赶来时，发现少年倒在浴室的

地板上，身体在抽搐，精神状态也不稳定。他的朋友立马将他送到了医院，医院的诊断是，他服用了迷幻药剂，人的精神处于幻觉中，幸好剂量不是很大，如果剂量再稍微大一点的话，他就会得疯癫病。

一些传播宗教的地方往往会使用曼陀罗，它会让人处于迷幻当中，在传教的过程中，被传教者也将更容易相信。在哥伦比亚，有一些犯罪分子专门从曼陀罗中提取这种致幻物，然后加工再制成一种强效的药物，这种药物非常地诡异，它不会让人单纯地昏迷过去，而是如一些武侠片中演的一样，控制对方，让对方乖乖地听其命令，真让人心惊胆战。

据报道台湾曾发生过这样一起案件：台湾的一些山区曼陀罗相当普遍，而且要采摘的话也非常容易，因为它没有被列入禁止种植的名单，一些犯罪分子趁机采摘将其制成了"曼陀水"，这种水具有相当强烈的迷幻作用，其毒性接近于可卡因。这对社会的危害是相当大的。

这种长相近似于百合的花，给人的感觉清纯而动人，没想到它的毒性及其迷幻性给人的危害是这么地大。这种曼陀罗花到底是怎样让人处于迷幻状态的呢？如果不小心误食了曼陀罗的果实、叶、花等，或者是误食了一些犯罪人员用曼陀罗制成的致幻药物，其表现是咽喉发干，吞咽食物困难，声音嘶哑，语言混乱，抽搐。严重者就会昏迷，甚至呼吸衰竭而死亡。

仙人掌为什么会长刺?

仙人掌我们都见过，我们见过的所有仙人掌都长着茸茸的刺，难道仙人掌理所当然就应该长刺吗？你有没有想过仙人掌为什么会长刺呢？

仙人掌是墨西哥的国花，它生长在环境干旱恶劣的沙漠中，所以它又是坚强、勇敢、不屈、无畏的墨西哥人的象征。据说墨西哥有些仙人掌的寿命可达几百年，这些仙人掌中贮藏的水分也非常大，里面可以贮藏1000千克的水呢，在沙漠中旅行的人，可以找到这种老寿星仙人掌来解渴。有些大的老寿星仙人掌的

贮水量可达到2000千克。

仙人掌为什么会长刺呢?

其实很久很久以前,仙人掌是生长在土壤中的,它的叶子非常柔软,看上去水嫩嫩的。后来环境变化了,仙人掌为了适应环境的变化,所以将自己身上的叶子退化成针状。针状的叶子能让仙人掌在干旱的沙漠中生活,能保住生长所需的水分,减少叶的蒸腾作用所带走的水分。

在现在的美洲,还可以找得到最原始的有叶的仙人掌类,其中有些仙人掌是正常的扁平叶。在我国南方地区,现在也可以

见到有叶仙人掌，它的名字叫"一叶仙人掌"。这种仙人掌长达15厘米，不开花的时候，常常会被别人误以为是灌木叶子花。还有一种拟叶仙人掌也有叶，只不过它的叶子已经退化成为圆筒形。另外还有一种叫作笛吹的仙人掌，这种仙人掌生长着锥形的叶子，叶子有的还不小呢。还有一种叫将军的仙人掌，这种仙人掌呈现圆柱形，长度可达12厘米。

仙人掌的刺具有什么样的作用呢？

仙人掌贮水组织主要在叶部，所以生长环境不同，干旱程度不同，仙人掌的肉质化程度也不同。干旱的地区，仙人掌的茎越来越短，叶质

越来越厚。极度干旱的地区，仙人掌也只有一对或者两对叶，茎全部消失了，叶子呈高肉质化，而且刺比较多。可见刺跟仙人掌的贮水量和贮水功能有关。越是干旱的地方，仙人掌需要越强的贮水功能。

仙人掌的刺主要分布在它的茎上，刺对于看似尖刻，但实则善良的仙人掌有着重要的意义。它的刺在数量排列、色彩、形状上种类各异，给人以美的享受，具有一定的欣赏价值。仙人掌上的小茸毛也是从刺中长出的，这些茸毛也是长短不一样的，生长在高海拔地区的仙人掌，通常会长很长的毛，这些长毛可以有效地保护仙人掌不被强烈的紫外线灼伤；还有一种短得像天鹅绒一样的毛，它可以保护仙人掌的外表皮；同时在一些少雨多雾地区的仙人

掌，这些绒毛可以汇集露水。

怎么样？现在知道仙人掌为什么长刺了吧。这种刺不仅可供人们观赏，同时还有着它自己独特的功用——为仙人掌提供水分，储存水分。任何植物都离不开水，没有水，植物也将没法生存，仙人掌同样也不例外。在干旱的沙漠中生存，仙人掌为了适应环境，不得不残忍地蜕变，将叶子退变成刺。这种刺可以帮助仙人掌储存水分，从而完成体内水分的溶解和运输。生命中有这么一次大的蜕变，真是不容易。

你见过能预报天气的花吗？

在自然界中，很多植物都能够提前预知气象，比如含羞草能预测地震，蚂蚁搬家是天气要下雨的前兆。

你见过能预报天气的花吗？在这个神奇的自然界中，有一种充当着天气"晴雨表"的神秘花朵，它可以准确地

预报天气是否下雨。你想不想知道这是什么样的花呢？

有一种花，长得跟菊花很相像，但是比菊花大，花瓣似长条形，并且颜色多种多样，但它却有着独特的一面——可以预报天气是否下雨。这种花生长在澳大利亚和新西兰等地，被当地的人称为"报雨花"。

报雨花是怎么来预报天气的呢？这和它的花瓣是有很大关系的。这种被人们称为报雨花的花朵，对天气的湿度非常敏感。一般当天气要下雨之前，空气湿度的改变是非常明显的，当空气湿度达到一定程度时，报雨花就会小心地把花瓣收缩起来，紧紧地抱住花蕊；当空气湿度降低时，它又会慢慢地舒展开来。这说明，要下雨前它就会收缩，雨过天晴后，它会

舒展。这样，它就成了预报天气的"使者"。

　　此外，在云南的西双版纳地区，也生长着一种叫作红玉莲的植物。这种植物的叶子是线形的，长相像韭菜的长叶子，每年的春季都会开花，花色不是粉嫩粉嫩，就是玫瑰红润，特别好看。这种花可不仅仅是长相好看哦，它也可以预报天气呢！它预报天气的方式可是与众不同的。每次当大雨将要来临的时候，它会大量地开放，总是跟天气对着干，被人们形象地称为"风雨花"。

　　风雨花真的就是喜欢跟天气作对吗？我们都知道，在暴风雨来临之前，天气会变得异常闷热，而且气压也会降低。也许你正在疑惑，这会有什么影响吗？其实，风雨花的叶片非常

长，而且它的茎叶中储藏了大量的养料，天气突然闷热降压，会使叶片的蒸腾作用加大，促进茎叶产生大量的生长激素，从而不断地开放。

好好认识一下风雨花吧，或者家里也可以栽一盆哦，当大风雨天气将要来临的时候，可以提早做好预防工作，你便可以不慌不忙地预备雨伞出门了。

千奇百怪的自然世界总是给人类不停地赠送着惊喜大礼包，你看，这又赠送了一种植物。这种植物生长在美洲，它的名字叫雨蕉树，每当天气要下雨的时候，它的全

身就好像披了一层防雨的布，而且它的叶片上会流下一滴一滴的水珠，像个正在哭泣的泪人儿一样。在当地还流传着这样一句谚语："天下不下雨，先看雨蕉哭不哭。"为什么雨蕉树会哭呢？伤心吗？痛苦吗？每每到了下雨之前，空气的湿度都会增加，而雨蕉树的根部平常正常吸收的水，在这个时候无法蒸腾出去，所以会形成一滴一滴的小水珠从树叶上流下来，就仿佛一个正在哭泣的"泪人儿"。

　　说到这儿，你有对神奇的自然界产生好奇吗？你会不会有更大的兴趣探索植物呢？那么先给自己栽一盆能预报天气的花吧，以后出行带伞与否，就可以直接观察它的反映了，它会很乐意告诉你的。

小小苦苣菜为什么能够称王称霸？

常常在武侠片中，看到一些武林人士为了称霸武林而不惜一切代价。没想到，在植物的世界里，也有争王称霸的事。让人出乎意料的是，最后称王称霸的居然是小苦苣。

苦苣菜毫无疑问只是一种杂草，长得有点像苦苦菜，苦苦菜可以吃，但是它不能吃，很多时候人们会将苦苣菜误认为是

苦苦菜，它们从外形上的区别在于，苦苣菜会抽出一种嫩茎，这种茎中会分泌出白色乳状的东西，这种东西非常黏手，不用尝就能闻到特别重的苦涩味。苦苣菜虽然人不能吃，但是诸如牛、猪、羊等都可以吃，可以作为优良的动物饲料。苦苣菜长得并不是很高大，而且叶也不带刺，非常地嫩，一折就断。

野生苦苣菜的叶量大，茎叶繁茂，在它抽茎之前，全部是茂密的叶丛，但到了开花期，它的茎会比较脆嫩，大多时候被用作饲养牲畜的饲料，而且苦苣菜的产量非常占优势，可以直接给牲畜吃，也可以晒干，到了冬天粉碎，给它们做食物，比纯饲料喂养的动物要好得多。

这小小的苦苣菜为什么能够在植物界称王称霸呢？苦苣菜

是一种杂草，它一般会生长在麦田、玉米地、高粱地里面，但它可不是和玉米高粱做伴去了，也不是去给它们提供养料，它的唯一目的是置玉米和高粱于死地。我们再来看一看，一株玉米高可达2米，高粱也非常高，而小小的苦苣菜最高也只是它们高度的四分之一，它是怎么做到将它们置于死地的呢？它的秘密武器就是它的根部能分泌出一种毒素，这种毒素能抑制和杀死它周围的作物。而且这些苦苣菜都是无性繁殖，它是通过根部繁殖，一旦它生长在一个地方，它的附近很快又会长出新的苦苣菜，如果麦地里某一个地方全部是苦苣菜，那么它的附近会寸田不生。

因为那些麦子都被它无情地给毒死了。

苦苣菜称王称霸根本就不用花费任何力气，完全没有武林人士夺取武林盟主那么辛苦费力气，并且还冒着生命危险。而苦苣菜完全不用这么大费周折，它只要发挥自身优势，从根部分泌出一种毒素，这种

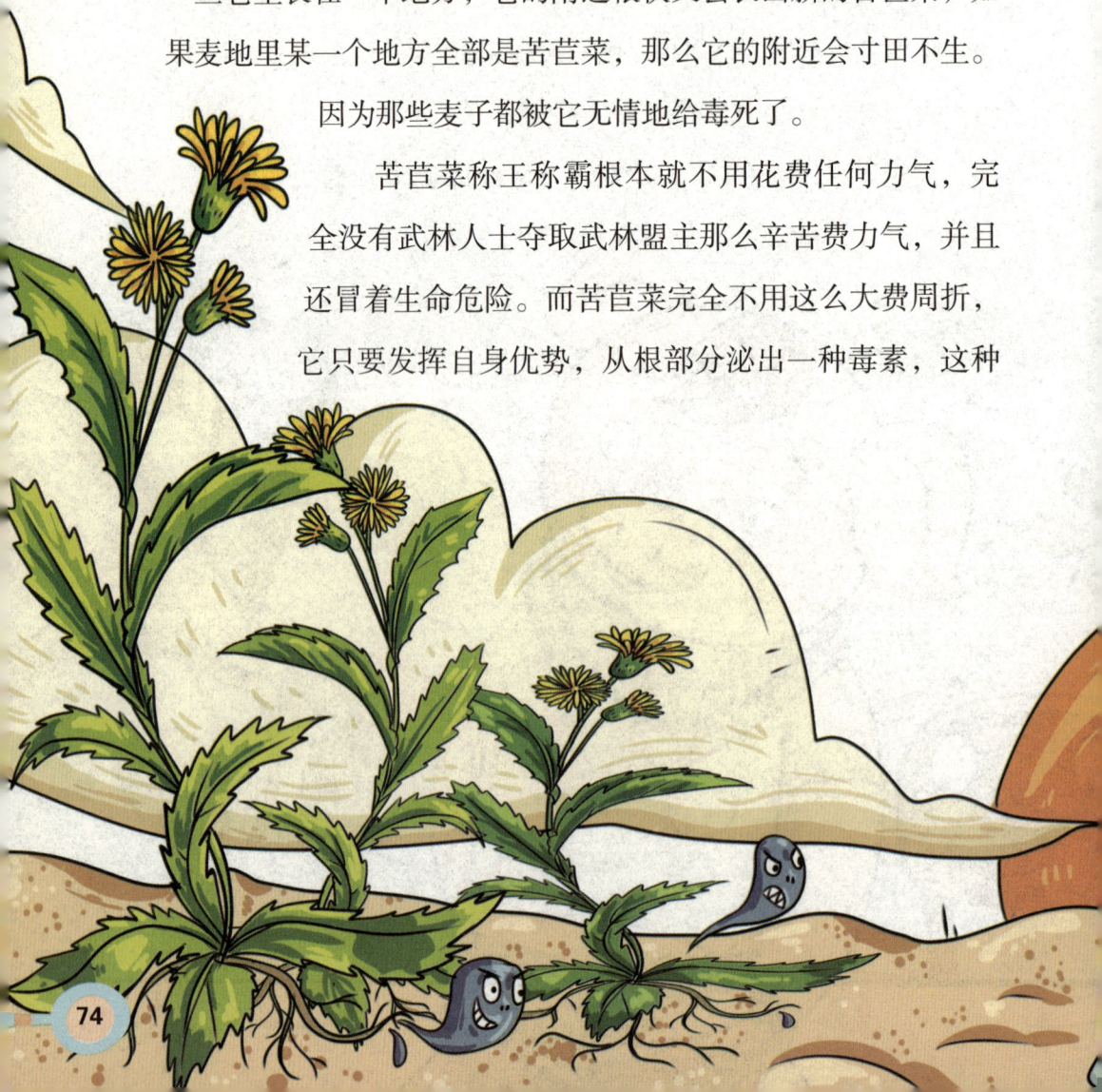

毒素会将不是同
类的植物置于死
地。所以很多植物
对它无可奈何，最后只能
以妥协而告终，让它在植物
的世界里称王称霸。

　　这种苦苣菜实质上也就
是苦苦菜的一种，但是在
一些生长苦苦菜的地方，
人们都管苦苣菜叫作野苦苦
菜，因为它跟苦苦菜长得很
像，但是苦苦菜能吃，并且

非常好吃，而苦苣菜人根本就不能吃，但是鸡、猪都可以吃。

苦苣菜一般生长在我国北方一些地区，西北部、北部都特别多。因为这种植物耐旱，并且不怕冷，春天刚到，它就已经早早地发出芽来了，等快到夏天的时候，它就已经长势良好了。它主要生长在麦田、玉米地、高粱地，因为这些地方有它需要的营养。但是它很霸道，不愿与其他农作物共生。苦苣菜能够称王称霸不仅仅因为它能分泌毒素，还因为它像打不死的"小强"。今年春天你将它铲除掉，明年春天它依旧会长出来，除非你将它所有的根全部挖完。而且你用除草剂也无法将它消灭，它就是这么的顽强。所以它能够称王称霸也是可以理解的。

茅膏菜为什么被称为"肉食者"呢？

茅膏菜是一种草本植物，具有很高的观赏价值呢！它的下茎是球形的，而且叶子上布满了小绒毛，在每根绒毛的顶端都有一颗亮晶晶圆溜溜的像胶水的水滴，看上去特别漂亮，但是你知道吗？它还真不是一般的草本植物，它是个地地道道的"肉食主义者"。

太阳出来了，茅膏菜叶子上的小水滴在太阳的照射下，亮晶晶的，看起来特别美丽。没想到，这美丽背后却藏着一个致命的诱惑，这个诱惑会让其他虫子付出生命的代价。这也正是茅膏菜吃肉的秘密武器。当虫子们善意地靠近它的时候，它就会无情地将它们拿下，虫子们也只能莫名其妙地长眠在它精心编织的致命诱惑里。

那么作为一株普普通通的、和其他植物没什么两样的植物，它究竟是如何将这些虫子吃进去的呢？难道它有嘴吗？如果有，那它的嘴长在哪里呢？如果没有，那一个个的虫子为什么都成了它丰盛的午餐呢？别急，真正的秘密在这里。

在茅膏菜上有一个亮晶晶圆溜溜的小球球，这个小水球就是茅膏菜的杀手锏。它是茅膏菜分泌出来的，当它感觉有虫子落下来的时候，立刻就会分泌出黏液，这种黏液会将虫子们一个个地牢牢粘住，仅需要短短的十来分钟时间，虫子们就会被这小茅膏菜消化吸收——这就是茅膏菜的捕肉手段。

另外，茅膏菜叶上的小绒毛也是它吃肉的餐具之一，这些小绒毛对虫子是非常敏感的，当虫子累了，停在它的叶片上休息的时候，它的叶片就会立刻感受到刺激，小绒毛便向下弯曲，将小虫子绕起来。这个时候小虫子也只能是拼命挣扎，拼命逃生，而茅膏菜其他叶子上的绒毛立马就会跑过来帮忙擒住这个小虫子，这时的虫子只能乖乖受死，其他所有的挣扎都是无用的。

　　还有更让人不可思议的呢！每每遇到比较大，尤其是头比较大的虫子时，茅膏菜将动用它的大号餐具，这个餐具就是它的叶子，它的叶子也是非常敏感的，每每遇到虫子落到它上面，就会果断而快速地将叶子自动对折起来。这个时候可能大虫子还会做一番殊死搏斗，此时其他的叶子会赶来帮忙，一起将好不容易逮到的虫子做成丰盛的一餐，绝不会让其轻易逃脱的。

　　有生物学家做过这样的实验，实验的目的是来探索茅膏菜到底是如何食肉的。拿一根纤细的头发，然后把它放在茅膏菜的叶子上，叶面上的纤毛就会立刻弯曲。再在这个叶子上放一个幼小的动物，如蚂蚁，它的叶面上的绒毛也会变曲。再拿一小块的骨头放在叶面上，叶面上的绒毛也弯曲了起来，这到底是为什么呢？原来呀茅膏菜的绒毛上会分泌一种蛋白酶消化液，这种消化液能消化肉类、脂肪、血、种子、小块骨头等。原来它之所以被称为肉食植物，主要原因在于它可以分泌蛋白酶。

　　小小的茅膏菜，居然还是肉食主义者，这是一开始很多人都无法理解的。因为茅膏菜本身是素菜的一种，没想到这种被人们搬上桌的素菜居然是一位肉食主义者，植物的世界简直让人忍不住尖叫和充满惊喜。你哪天吃茅膏菜的时候，请一定记得，它是素菜，但它只吃荤菜。

玉米和大豆为什么是"亲家"？

　　植物和植物之间有冤家对头，也有亲家，这都源于它们是否能够共生。玉米和大豆也不例外，它们是一种农作物，玉米高大，大豆短小，但是却能够相亲相爱。这里面到底还有什么样的玄机呢？

　　传说猫和老鼠在最早以前也都是亲家呢，至于那种亲家关系为什么后来没有维

持下去，主要源自于进化。在植物中玉米和大豆也是亲家，至于若干年以后它们会进化成什么样子，会不会也由亲家变成天敌，这都很难说。但是今天我们就它们的亲家关系做个详细的了解，看看有什么新发现吧。

玉米是比较高大的植物，它的植株一般可高达2米，全身呈绿色，包括它的玉米棒子外表皮也是绿色的。你可能会问，那我平常吃的玉米怎么都是黄色的呢？原因是我们平常吃的玉米是被剥了皮的。而大豆是蔓状的植物，它的蔓特别软，不论高矮均开白色的小花，长成后从植株到大豆全身也都是绿色的。每2—6个大豆都会穿一件绿色的外衣，每一株上至少会长出4串穿绿色外衣的大豆，如果按每个外衣里面6个大豆算的话，那么一个植物上可以结出24个大豆。那为什么我们平常吃的大豆又是土黄色的呢？那是因为平常我们吃的大豆，也都是被剥了外衣的。

　　大豆也叫大豌豆，它也是有血红蛋白

的。如果你有机会可以到大豆地里去转一圈的话，你可以从土壤中拔出一颗大豆，你会看到它的根上长着很多小瘤子，你可以用小刀片把瘤子切开，那红红的一小抹就是大豆的血红蛋白，所以大豆的主要营养还在于它富含血红蛋白。正因为有这些丰富的血红蛋白，所以大豆生长过的土壤是非常肥沃的，其中供玉米生长的营养也是相当地丰富，特别是有助于氮肥的产生。

玉米的生长需要大量的氮肥，大豆的血红蛋白能把空气中的氮固定在土壤里，要是把玉米和大豆套种，玉米就可以吸收大豆根部的血红蛋白，从而可以获得充分的氮肥。所以，大豆和玉米就成了亲密的"亲家"。在农田里，我们经常会看到大豆和玉米共生在一块田地里。

大豆根部的血红蛋白还真的像一个小小的氮肥厂。而在这个小氮肥厂里，根部的血红蛋白在不断地收留着空气中的氮，并将其不断地供给正在结果的大豆，同时也供给自己的好亲家玉米，从而满足它对氮的需要，让玉米生长得更高大。

　　然而，玉米也不是白白地享受大豆施舍给它的营养素，它也要想办法报答大豆。玉米的优势是个头非常高，它遮挡了原本属于大豆的一部分阳光，所以它的光合作用、叶片的蒸腾作用比大豆的都要强。因此它便充分利用光合作用然后制造有机物，把这些营养供给大豆的根瘤，让大豆也能够健康快乐地生长。

　　还真应该学习一下大豆和玉米的共存法则，生活以快乐为准则，生长以互利为基础。我们也可以在学习中，和同桌与近邻相互帮助，优势互补，共同进步。

你见过能让人产生幻觉的蘑菇吗？

听说过罂粟花可以让人产生幻觉，曼陀罗花也可以让人产生幻觉。没想到吧，还有一种蘑菇同样可以让人产生幻觉。

在印度，就有这种蘑菇的存在，它的名字叫作裸盖菇。传说有人吃了它，就会产生很奇妙的幻觉，这种幻觉会让人看到童话故事中的"巨人国"，所有的建筑啊、树啊……都会变得非常高大。

这种蘑菇以前被一些宗教人士大量地食用，因为食用了这种菇，人的思想、行为会处于虚幻状态，飘飘欲仙。在古印第安，它们将其称为"神之肉"，将其泡在酒里面，让饮用的人都能够享受到天国的乐趣。这种人为创造的天国，把有些食用这种蘑菇的人真正地送入了"天国"。人食用裸盖菇后会出现不同的情绪反应，有的人会感到愉悦，有的人会暴躁压抑，还有的人会变得发癫，把幻觉当成真实，狂呼乱舞。在药物的控制下，有的会去杀人，有的会自杀。

之前很多人一直把毒蘑菇当做神物吃，现在终于醒悟过来，原来事情的关键就在于所吃的"神药粉"的身上。但是这

种"神药粉"就是毒蘑菇制成的秘密，一直被极度保密，外界一直难以弄清楚其中的奥秘。直到19世纪末，植物学家通过不断的研究和探索，才弄清楚了"神药"的成分。

同样，在印度还生长着这样一种蘑菇，名字叫作毒蝇伞，人吃下去以后，会浑身发抖，并且还会不停地手舞足蹈，完全失去控制力。据实验结果显示，就算是狼吃了这种蘑菇，看到羊也不敢吃，因为在它眼里，羊是非常巨大的。这种致幻作用就是具有放大的作用。

有的毒蘑菇可以让眼前事物放大，也有的

让眼前事物变小。在中国云南山区生长着一种菌类植物，名字叫小美牛肝菌，它的致幻作用刚好和裸盖菇相反，人如果吃了它，就会将眼前的事物放小。科学家做了这样一个实验，将羊和狼放在一起，并且给羊吃了小美牛肝菌，科学家们仔细观察这两种动物之间会发生什么，结果羊看到狼还以为很小呢，一点也没有平常的畏惧感，所以立马展开攻击，结果被狼给吃了。这种菇就是典型的将视物变小。人如果吃了小美牛肝菌，进入幻觉状态后，看到四周的正常人都跟个小人儿似的窜来窜去的，跟自己过不去，所以他就会出现疯狂、感情失控的情况。

在一些武侠剧里，我们会看到一些奇特的法术，具

有迷魂的作用，还有一些药物也具有迷魂的作用，它能够让人麻木沉睡，或是听从下药者的指令，然后受制于人，做出一些连自己都不知道的事情。难道真有这种法术，或者真有这种迷魂药的存在吗？这种迷魂药其实就是能够令人产生幻觉的致幻剂。而在大自然中，就有许多天然的致幻剂。在自然界中，有不少植物，吃了它或嗅到它的气味，人会产生麻木感或是昏昏欲睡，有的甚至会产生幻觉。人如果食用这种使人致幻的植物，会进入到离奇古怪的幻觉世界里。但是，无论会给人多么华丽的享受，致幻植物在本质上，却是一种毒。

　　有些骗子会用这种方法来骗人，有些人贩子还利用这种致幻物来拐卖儿童，所以当我们了解了这些有趣的毒蘑菇的时候，我们也会多学到一些保护自己的常识。

世界上最长最大的叶子长在哪里？

世界上最长的叶子到底是什么叶呢？告诉你，是椰子的叶子。那有人就会问了，椰子的叶子那么小，我在海南见过的，那就是世界上最长的叶子啊？唉，真没意思！

别急，接着往下看呀！海南的椰子叶最长是4—6米，但世界上最长的椰子叶有28米，竖起来有7层楼那么高呢，形状如巨大的羽毛一样。这种叶子到底生长在哪里呢？它就生长在亚马孙地区，名字叫作长叶椰子。

最长的椰子长叶不但可以用来观赏，在这炎热的地方，这么大的叶子还可以用来编成席子坐在上面乘凉呢，而且还可以遮挡阳光，如果手巧的话，自己还可以编个凉帽戴。成熟一些的大而长的椰子的长叶，都比较结实而且有韧性，可以用来盖房顶防止漏雨，

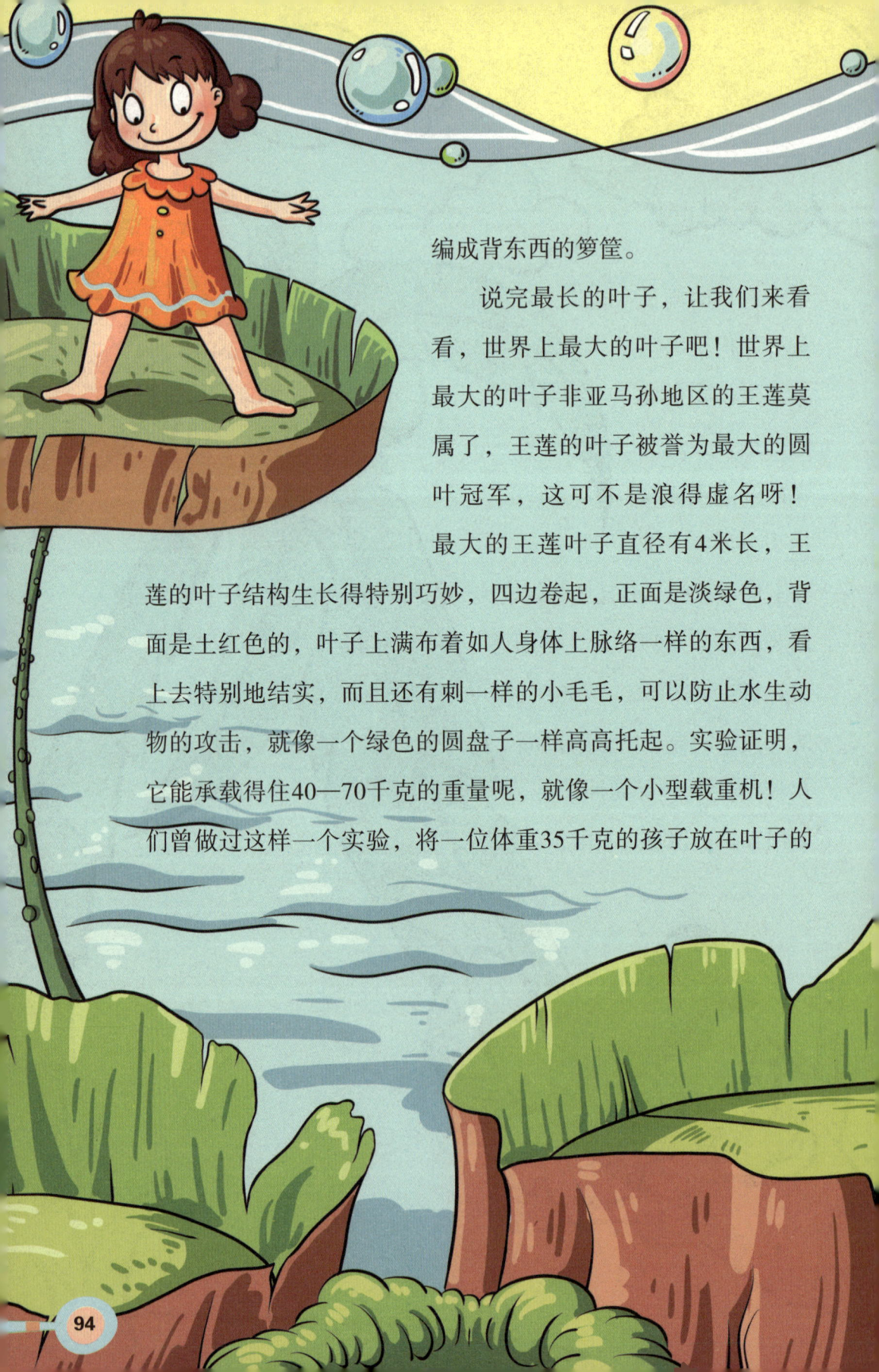

编成背东西的箩筐。

　　说完最长的叶子，让我们来看看，世界上最大的叶子吧！世界上最大的叶子非亚马孙地区的王莲莫属了，王莲的叶子被誉为最大的圆叶冠军，这可不是浪得虚名呀！

　　最大的王莲叶子直径有4米长，王莲的叶子结构生长得特别巧妙，四边卷起，正面是淡绿色，背面是土红色的，叶子上满布着如人身体上脉络一样的东西，看上去特别地结实，而且还有刺一样的小毛毛，可以防止水生动物的攻击，就像一个绿色的圆盘子一样高高托起。实验证明，它能承载得住40—70千克的重量呢，就像一个小型载重机！人们曾做过这样一个实验，将一位体重35千克的孩子放在叶子的中心，结果叶子不但没有沉下去，却还稳当地承载住了孩子，使其可以在河面划行。所以王莲的叶子还可以临时当小船使用呢，真是太不可思议了！

这种最大的叶子王莲，它生长的地方也很特别呢！王莲生长在亚马孙地区。亚马孙地区还真是个神奇的地方，为何在那里能长出世界上最大最长的叶子呢？这主要还是由亚马孙地区的地理环境、气候特点所决定的。

亚马孙地区有河流流量居世界第二的亚马孙河，位于南美洲，其

流域面积是世界上最大的。亚马孙平原是河流不断地冲积泥沙而形成的一个像扇子一样的平原，这里的土壤非常肥沃。

亚马孙地区属热带雨林气候，而这种气候类型的主要特点是长年气温都比较高，降雨量也特别大，气候湿润。肥沃的土地和丰富的营养液——雨水，再加上长年高温，叶子长年都在生长，当然就长得大并且长了。

你想不想去亚马孙地区呢？这里有世界上叶子长得最大的王莲和叶子长得最长的长叶椰子。并且，亚马孙热带雨林是世界上最大的雨林。在这个雨林里栖息着多种多样的生物，昆虫类的有上万种，植物也大约有上万种，全世界鸟类有五分之一都生活在这里。这里有浩瀚无边的原始森林，可以吸收大量二氧化碳，排放出大量氧气，被誉为"地球之肺"。如果想去，就多了解一些这方面的百科知识吧。如果真去了，可不要独自行动哦！必须在导游的带领下去寻找它们，因为它们都生长在热带雨林里面。在这个充满未知的雨林里，你有可能会在不经意间接触到食人花或者是毒草之类的，甚至迷失方向。

亚马孙河为什么被称为"河海"？

亚马孙河是世界上居第二的河流，它名为河，但是因为它水量终年都非常充沛，流域面积广，而且流量大，每年流入海洋的水量是全球河流流量的五分之一，所以生活在亚马孙地区的巴西人都自豪地称亚马孙河为"河海"。

关于王莲你了解多少？

我们在河里面摘片莲花的叶子，都能做个大草帽，可是相比起王莲的叶子，真的是脸盆里面放茶碗——相差太大，王莲为什么能长那么大呢？王莲生长在亚马孙热带雨林地带，所以能长得那么的大，一片王莲的叶子就能盖起一个绿色的小房子呢，想必夏天用来乘凉是非常好的。王莲是水生植物，而且能开花。在水生植物中，王莲的叶子可算是最大的了。

铁树能开花吗？

　　铁树这个名字令人浮想联翩，是长铁的树吗？当然不是，之所以称之为铁树，是因为其树干非常坚硬，如铁一般，需要含铁的肥料来栽种。铁树是世界上最古老的树种之一，四季常青，树形非常优美，在它的树顶还有似羽状的大叶子。

下面，让我们一起来看看铁树到底长相如何吧！铁树的茎呈圆柱状，没有分枝，径直生长，茎高有1—8米，它的叶一般是从铁树的茎部长出，叶子一般有0.5—2米长，其叶非常厚并且坚硬，远远看上去，一株铁树就像一把伞。

这时，你也许想起了一句话，铁树到底能开花吗？明朝的王济在《君子堂日询手镜》中写道："吴浙间尝有俗谚云，见事难成，则云须铁树开花。"意思是说，事情极其难以实现，如铁树开花一样难得。这说明铁树是开花的，只不过是难得一见。铁树开花没有规律，很难一见，古有"千年铁树开花"的

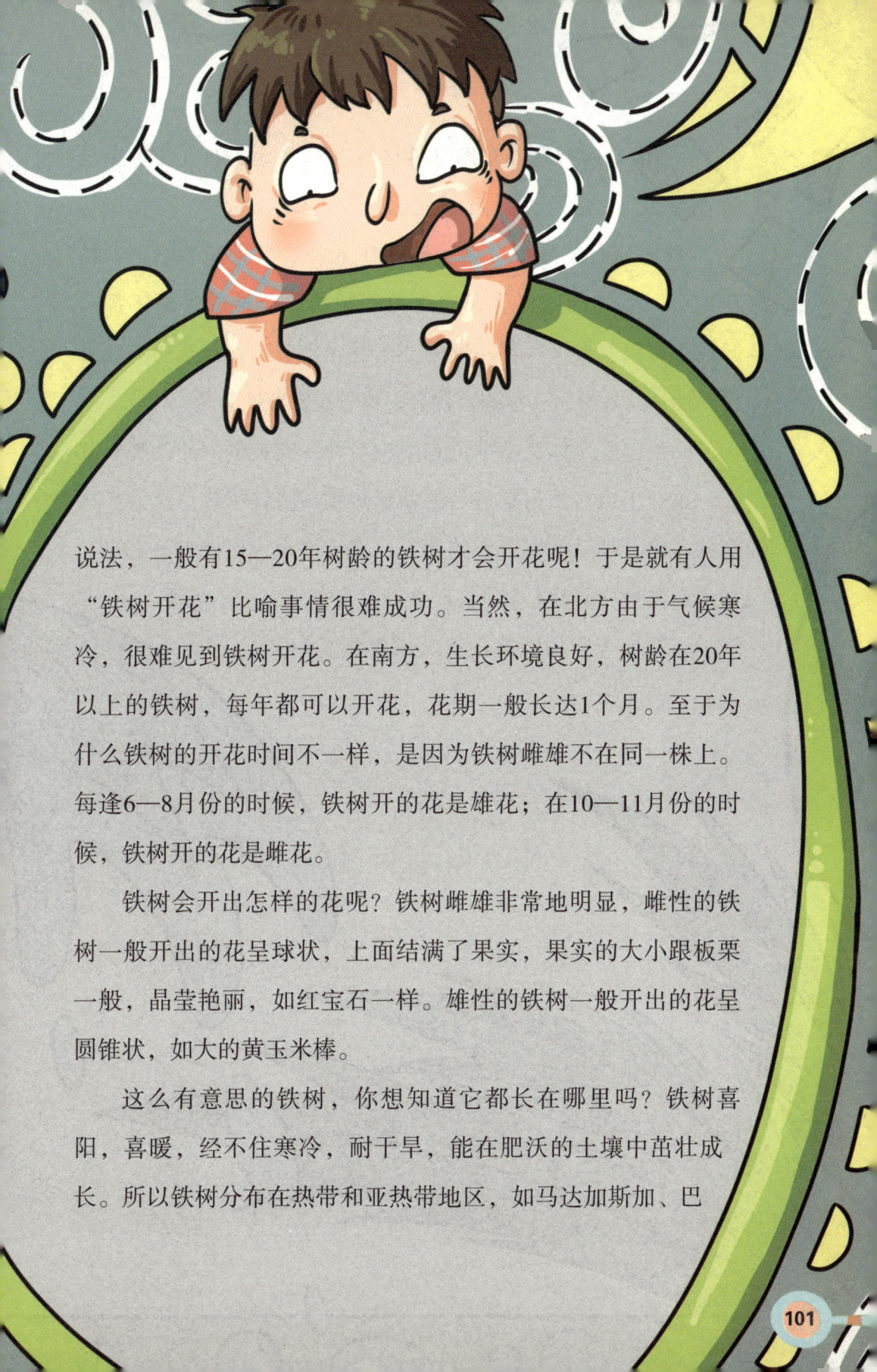

说法，一般有15—20年树龄的铁树才会开花呢！于是就有人用"铁树开花"比喻事情很难成功。当然，在北方由于气候寒冷，很难见到铁树开花。在南方，生长环境良好，树龄在20年以上的铁树，每年都可以开花，花期一般长达1个月。至于为什么铁树的开花时间不一样，是因为铁树雌雄不在同一株上。每逢6—8月份的时候，铁树开的花是雄花；在10—11月份的时候，铁树开的花是雌花。

铁树会开出怎样的花呢？铁树雌雄非常地明显，雌性的铁树一般开出的花呈球状，上面结满了果实，果实的大小跟板栗一般，晶莹艳丽，如红宝石一样。雄性的铁树一般开出的花呈圆锥状，如大的黄玉米棒。

这么有意思的铁树，你想知道它都长在哪里吗？铁树喜阳，喜暖，经不住寒冷，耐干旱，能在肥沃的土壤中茁壮成长。所以铁树分布在热带和亚热带地区，如马达加斯加、巴西、我国东南部地区等，这些地区的气候特点是光照充足，土壤肥沃，气候温暖。

铁树还有另外一个名字，叫作苏铁。在我国的四川攀枝花，有一大片的铁树林，这里的铁树都已经长成，每年都会开花，所以就有了一年一度的"苏铁观赏节"，每年的6—8月份，10—11月份，一些游客就会去那里观赏苏铁开花。

说到这里，你是不是也有了想栽种一棵铁树的冲动呢？其实，这并不难。铁树是有名的盆景植物，将铁树栽植在大小适当的盆中，然后放在向阳的地方，适当浇水，保持水分充足，并注意在叶片上喷上水雾，防止叶片变枯变黄。适当地增加点含铁丰富的肥料。每2—3年要换一次土，

用疏松含沙的土壤进行栽植，便于铁树的根部在土壤中进行呼吸作用。铁树是非常坚强的，如果铁树上的叶子枯黄了，可以将其剪掉，精心照料，过不了多久，它又会长出新叶。

你现在是否有点蠢蠢欲动，也想去观赏苏铁开花呢？不用着急，每当苏铁开花的时候，也是大家放暑假的时候，你可以带上相机在爸爸妈妈的陪同下去攀枝花的铁树林观赏。切记不要在树林里单独行动，必须在导游的带领下，可以拍一些照片也可以采集一些铁树花的标本回来。

我国最大的铁树林在哪里？

在我国的四川省攀枝花市，有一片面积广大的铁树林，目前生长着20多万株铁树，是我国目前最大的铁树林。人们常说铁树开花是很罕见的，但是在这片大铁树林里，你每年都可以看到开花，有红色的如宝石一样的花，有黄色如玉米棒一样的花，千年铁树开出了花！

苏铁——"植物活化石"

苏铁也是铁树的一种，苏铁是世界上最古老的种子植物，它还曾经与恐龙同时称霸地球呢？没想到吧！在侏罗纪时期，苏铁得到了大量的繁殖，生长遍布整个地球。在冰河世纪，由于寒流南侵，苏铁植物大量地灭绝，只有位于四川、云南等地的部分苏铁存活了下来。其他地方的苏铁们也都变成了活化石。所以苏铁又被地质学家们誉为"植物活化石"。

银杏树为什么被称为公孙树？

银杏被称为"活化石"，因为它是现存种子植物中最古老的。银杏属于落叶大乔木，最大的有40多米高呢。小树呈浅灰色，树皮相当光滑。大树呈灰褐色，树皮有不规则的纵裂纹。树枝有长枝和短枝，长枝和短枝上的叶子生长特点也是不同的。长枝上的叶子互相分散于树枝两侧而生长；短枝上的叶子是簇拥着生长，呈扇形。

那么，银杏树又为什么被称为公孙树呢？这里面可大有故事呢！第一个原因是源于一个有趣的故事，第二个原因跟银杏的生

长周期有关。

原因一：有这样一个故事，从前有一位老爷爷种了一棵银杏树，直到他去世时，都没见到银杏树结出种子，后来到了他的孙子辈时，银杏树终于结出了果实，所以人们常说公公（爷爷）种的树，到了孙子辈的时候才能结种子。银杏树也是长寿树，生长500年的银杏树仍旧能结出种子，所以银杏树被称为公孙树。

原因二：银杏树的生长周期到底有多长？什么时候结出种子呢？银杏树的生长周期特别长，雌树一般20年左右才结种子，一般在3月至4月之间才会萌芽，到4月15日左右就会开花，9月和10月份的时候种子就会成熟了。

银杏树没有果子只有种子，银杏树的种子是什么样子的呢？银杏树又名白果树，原因就是它的种子是白色的，人们称它为白果，可以吃，也可以作为医用。它的味道甘甜美味。现在又有个疑问，为什么自己看到的银杏种子是黄色的呢？原因是黄色是它的第一层皮，这层皮是不能直接吃的，去皮果实是白色的。

　　银杏的价值，最熟悉的就是银杏可以用来做美容产品。我们可以看一下一些美容产品的说明书，大部分都有银杏的成分。银杏树的树皮树叶都可以作为药用，一些医疗保健品中都少不了银杏。它们还可以做饮料呢，其经加工做成的饮料味道甘甜美味。

　　银杏树不但具有美容、医用、食用的价值，还具有观

赏价值。它寿命特别长，而且高大挺拔，树形优美。银杏树的叶子到了每年的春季都会发出嫩芽；到了夏季叶子长得跟个小扇子一样漂亮；到了秋季，叶子也会慢慢地凋落，如可爱的蝴蝶一样；到了冬季，叶子又会落到泥土里，化成银杏树生长的肥料。所以银杏树每个季节都适宜观赏，只是观赏的角度不同而已。

银杏树在我国的资源比较丰富，在江苏、湖北、广东等地区分布最为广泛，其产量也是相当可观的，我国一年能产1.5万吨银杏白果呢，这对于医药、美容保健等行业的贡献非常大。常见于我国江苏徐州北部（邳州市）、山东南部临沂（郯城县）地区和浙江西部山区，浙江天目山、湖北省安陆市、大别山、神农架目前是四大银杏集中产地。一些银杏专家通过考证后发现，在浙江的天目山、湖北的大洪山、神农架等偏僻的山区，有自然繁衍的古银杏群体。它们是非常珍贵的银杏文化遗产和自然景观，可以确保银杏的持续遗传。

银杏是什么时候传入国外的?

现在世界上的银杏都是源于中国，相传我国银杏曾两次传入国外。第一次，是在南北朝至隋唐时期，银杏传到了朝鲜半岛；第二次，是在唐朝盛世时期，日本的使者和唐朝的僧人们，在传播佛教的时候，把银杏带到了日本。后来又由日本引入到了欧洲。

关于银杏的前世今生你了解多少?

银杏最早出现于3.45亿年前，分布在欧、亚、美洲，曾经广泛分布在北半球，后来开始衰退，因为发生冰川运动，地球上气温突然变低，天气变冷，大多数的银杏绝种，只有中国没有受到冰川运动的影响，银杏才得以幸存。所以银杏不但被称为"活化石"也被称为"植物界的熊猫"。现在国外的银杏也是从中国传入的。

红树为什么会从果实里发芽？

在我们的日常生活中，苹果树、枣树、梨树等都是种子成熟后，离开母体，在土壤中经过一段时间的休眠后，才能重新

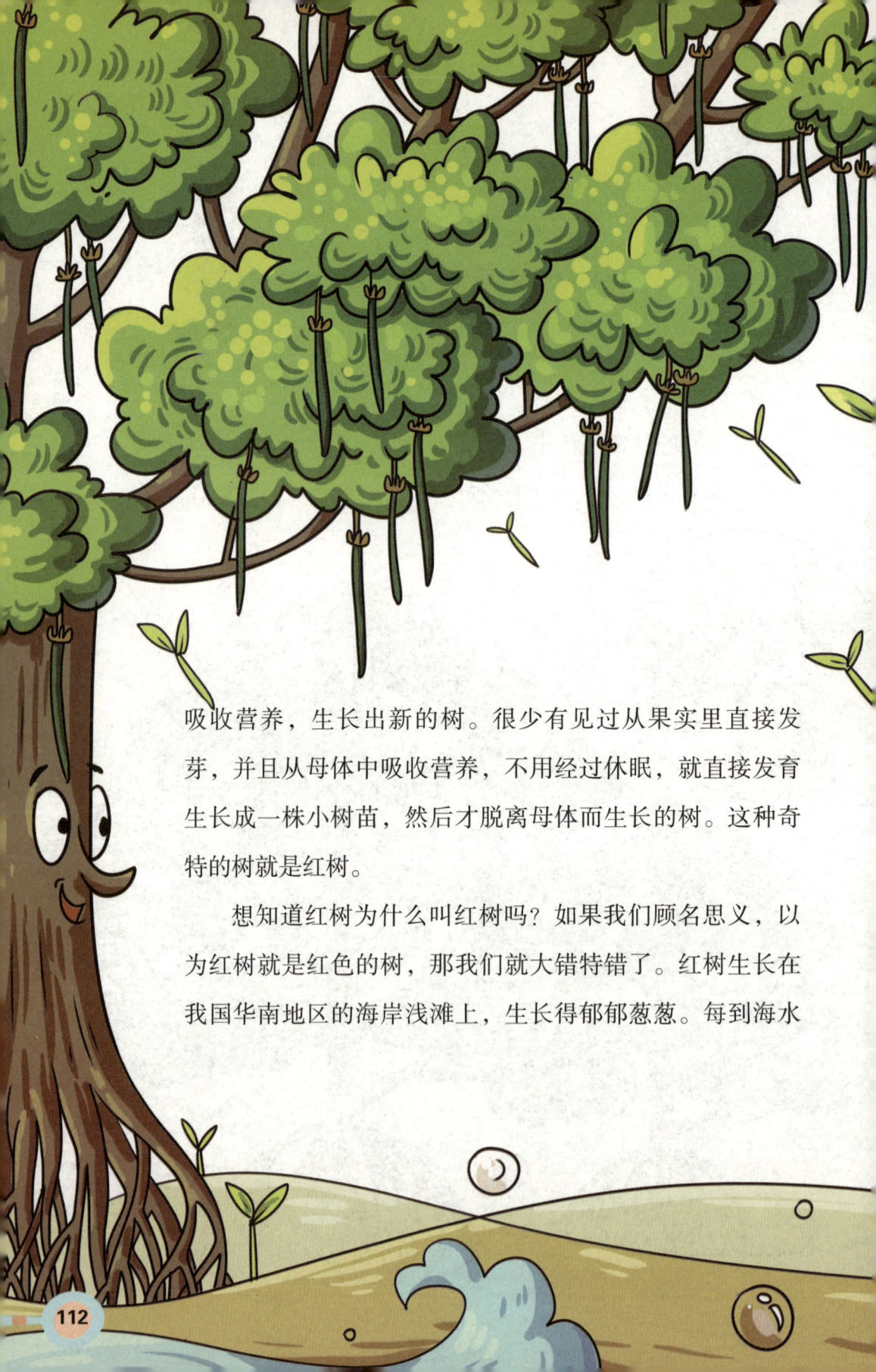

吸收营养，生长出新的树。很少有见过从果实里直接发芽，并且从母体中吸收营养，不用经过休眠，就直接发育生长成一株小树苗，然后才脱离母体而生长的树。这种奇特的树就是红树。

想知道红树为什么叫红树吗？如果我们顾名思义，以为红树就是红色的树，那我们就大错特错了。红树生长在我国华南地区的海岸浅滩上，生长得郁郁葱葱。每到海水涨潮的时候，它会被无情的海水淹没；每到海水退潮的时候，它又会露出来；翠绿翠绿的，而且一片片纵横交错，非常稠密，在船上远远望去，真是壮观。之所以叫它红树，原因有三点：其一，因为它是由红树科的植物组成的；其二，从红树中能提炼出一种红色的染料；其三，这种红树被砍伐后，受氧化作用，它全身上下都会变成红色。

那么，红树到底是怎样从果实里发芽的呢？一年中红树的花期有2次，春季1次，秋季1次，每一季花期过，红树上都会结出超过300个的果实量，果实又细又长，长度一般情况下都在2厘米左右。其中每个果实中都会有一颗种子，随着果实成熟后，果实里面的小种子们也会从母体中吸收充足的营养，然后从果实中发芽，再长出小树苗。当小树苗一天天地长高，长到20—40厘米的时候，它就会自己脱离母树，插入到淤泥中，再长出新的根，慢慢地长成小红树，神奇吧！

那红树为什么会从果实里发芽呢？其实说白了也就是说红树是胎生的，什么是胎生？简单地说，小红树在脱离母体的时候，就已经是一棵完整的植株了，不需要再经过漫长的发芽、抽枝、长叶等一系列的过程了。为什么会这样呢？主要是由红树的生长环境所决定的。一些资料证明，红树生长在热带和亚热带地区，这种气候的主要特点是雨水充足，长年气温较高。红树一般都生长在浅滩上，受涨潮退潮的影响，浅滩上大都是淤泥，红树就生长在淤泥里，营养供给很充分，唯一美中不足的是植物呼吸所需的氧气量不足，所以红树就不会在根部发育，而会从果实进行繁衍。假设红树的种子落在淤泥里，那么

如果它遇到涨潮就会被潮水冲走，或者呼吸不好就会夭折在淤泥里。再就是海水的盐含量高，经常饱受海水侵袭的红树的根部是无法从中吸收养分的。物竞天择，适者生存，红树从果实中发芽也是为了适应这样的生长环境。

在我国珠海市最大的淇澳岛上，有一片美丽的红树林，这也是我国最大的红树林，大约5000公顷，是我国少有的紧靠城市的红树林，罕见地出现在珠江三角洲上。这片红树林也被命为国家重点湿地保护区，因为这片红树林，不仅美丽，还可以防风固沙，防止水土流失。另外，在这个保护区，还生活着许多国家重点保护动物，包括一些珍稀的濒危动物。

红树是如何呼吸的?

红树生长在浅滩的淤泥里,淤泥里极度缺氧气,为了适应环境,红树生长出了呼吸根,起到呼吸的作用。这种呼吸根有粗有细,有棒状的也有弯曲状的。呼吸根的生长,让它能够适应潮起潮落的生存环境。

红树为什么被称为"海岸卫士"?

海岸卫士可不是浪得虚名,红树林下面是鱼、虾、蟹等海洋动物繁衍栖息的地方,而且还可以保护海洋生物呢。红树林可以围海造地、围海养殖。红树林是鸟儿们栖息的天堂,红树林生长的滩涂上,可以为鸟儿们提供大量的鱼虾作为食物。可见红树不仅扮演着保护海洋生物的角色,还充当着鸟类的保护伞。

你见过会变性的树吗?

"停车坐爱枫林晚，霜叶红于二月花。"每年枫叶红了的时候，人们都喜欢赏枫叶，尤其是大片大片的枫林里，漫山遍野的红色枫叶，景色非常怡人。难道会

变性的树就是普通的枫树吗？当然不是，它是生长在北美洲的一种红枫树。与一般枫树不同的是，红枫树的杆是绿的，叶是艳红色的。而一般枫树春夏天叶子是绿色的，到了秋天才会变成红色。可见"霜叶红于二月花"，描述的是一般的枫树，遇霜才能变红。而今天让我们着重了解一下红枫树——一种变性的树。

据说，红枫树有时候会呈现雌性，有时候会呈现雄性，有的时候则是雌雄同体。为了证实其真实性，美国波士顿大学的科学家们用了足足7年的时间，考察了麻省的79株红枫树，对每年每株红枫树的性别和开花的数量都做了详细的记录，结果表明，其中有55株红枫树呈雄性，还有4株雄性枫树中开出

了雌性的花，其余18株雌性红枫树中有4株开出了雄性的花，其中还有2株雌雄难以准确辨别。其最终结论是：红枫树每年都在雌性与雄性之间变化，大多数的红枫树是呈雄性的，但是它也会开出雌性的花，有时候也会开出雄性的花。

红枫树适宜在哪种环境中生长呢？红枫喜阳而又耐旱，怕烈日毒晒，所以它适宜生长在长年温暖湿润的气候中，并且生长的地方土壤必须很肥沃，排水性好，因为它怕涝。

所以北美洲这样的环境最适宜它们生长了，而北美洲受地中海气候的影响，其气候特点是温暖，湿润，光照适宜，土壤属沙土地，排水性好。

红枫树有什么样的特点呢？红枫树的叶子长得像一个鸡爪子，叶子的形状呈掌状，一般有5—7个分裂部，所以红枫也是一种叫鸡爪槭的变种。

它是有名的观叶树木，其叶子呈红色，鲜艳持久，长得非常美丽。

红枫树可以盆栽吗？因为红枫树红叶绿树长得非常美丽，所以人们常常将红枫树栽到盆中用来欣赏。想自己栽种红枫树的注意了！盆栽也是非常挑剔的，须差不多等量的园土和腐叶土，再加入适量沙。红枫最佳的栽植时间是什么时候呢？是2—3月份，这个时候正值春天，万物复苏，要注意的是在红枫树生长的季节移栽需要把叶子都摘掉，并且根部需要带上土球。浇灌的时候，一定要适度，不能过干，

更不能过湿，最重要的是要防止盆里面积水，否则红枫树会被涝死的。盆栽的红枫树要适当施肥，盆栽的缺点是树不能太大，太大了盆就栽不下了，目的是为了防止盆和树的大小比例不平衡。

关于红枫的种类。红枫大致分为三种，中国红枫、日本红枫、美国红枫。由于其生长环境不同，气候不同，红枫呈现出的特点也是不同的。中国原产红枫叶色呈暗红，到了夏季会由红色转青。日本红枫被誉为"四季火焰风"，其春夏秋季节，叶片都呈鲜艳的红色。美国红枫叶掌3—4裂状，春季枫叶泛红，到了夏季枝叶成荫，秋季枫叶炫红并且持续的时间非常长。

哪些地方有红枫林?

我国的中西部、北部地区均有红枫林,但是比较著名的要属浙江省的四明山森林公园的红枫林,这里被誉为"中国红枫之乡",是中国最美丽的红枫林。红枫不仅染红了四明山的山头,而且红遍了全中国,甚至在国外都有四明山的红枫树。

如何使红枫的叶子提前变红?

红枫由绿变红是自然规律,能改变吗?红枫入夏渐渐变成绿色,但是到了秋季霜降后又会变成红色。我国为了过国庆这个喜庆的节日,想尽办法想让红枫树叶变红,所以只有提前催红。在8月中旬将红树树上的所有叶片全部摘除,放在阳光充足的地方,再加一些粪肥,每天浇水一次,半个月后,又会萌发出小红叶,到了国庆就可以欣赏到红枫叶了。

从小爱科学　小生活大世界